Android
スマートフォン
完全マニュアル
2021

JN075970

🔒

12:34
4/7 火曜日

12:00
6月1日(月)

Android Smartphone Perfect Manual 2021

standards

INTRODUCTION   P004

スマートフォンの初期設定をはじめよう   P006

Googleアカウントを理解する   P012

Section 01   本体に備わるボタンやスロットの名称と操作法   P016

スマートフォン   システムナビゲーションとタッチ操作の基本動作   P018
スタートガイド   ホーム画面のしくみとアプリの操作方法   P020

                アプリ管理画面の操作とホーム画面へのアプリ追加   P022

                ステータスバーと通知パネル、クイック設定ツールの操作法   P024

                文字の入力方法   P026

                まずは覚えておきたい操作&設定ポイント   P030

Section 02   電話   P038

主要アプリ   連絡先   P042
操作ガイド   メールとメッセージ   P044

                Chrome   P052

                Playストア (アプリのインストール)   P056

                ホーム画面とウィジェット   P060

                カメラ   P062

                フォト   P064

                YouTube Music   P066

                マップ   P068

                カレンダー   P070

                LINE   P072

                YouTube   P074

                その他のアプリ   P075

                設定   P076

3 Section 03
スマートフォン活用テクニック

001	Googleアカウントのセキュリティ設定	P080
002	バッテリーと省電力に関する設定総まとめ	P081
003	通信制限を回避する通信量チェック&節約方法	P082
004	一度使うと手放せないスマホ決済総まとめ	P084
005	Gmailのメールを詳細に検索できる演算子を利用する	P087
006	スマホのデータ通信を使ってパソコンやタブレットをネット接続	P087
007	パソコンのデータをいつでもスマホで扱えるようにする	P088
008	よく使うアプリをスマートに呼び出す高機能ランチャー	P088
009	Googleマップの便利機能をしっかり活用しよう	P089
010	自宅や特定の場所ではロックを無効にする	P090
011	画面のタッチ操作を一時的に無効にする	P090
012	サイトを「あとで読む」ために保存する	P090
013	多彩な言語や入力方法に対応する翻訳アプリ	P090
014	Wi-FiのパスワードをQRコードで共有する	P091
015	Gmailで送信日時を指定してメールを送る	P091
016	効率よくコピペできるクリップボードアプリ	P091
017	今日の日付と曜日をステータスバーに表示	P091

4 Section 04
トラブル解決総まとめ

画面がフリーズして動かなくなった	P092
アプリの調子が悪い、すぐに終了してしまう	P093
自分の電話番号を忘れてしまった	P093
学習された変換候補を削除する	P093
誤って削除した連絡先を復元する	P093
Wi-Fiの通信速度が遅い	P094
電波が圏外からなかなか復帰しない	P094
紛失に備えてロック画面に自分の連絡先を表示	P094
気付かないで加入しているサブスクがないか確認する	P094
紛失したスマートフォンを探し出す	P095

12:34
4/7 火曜日

Android   Smartphone

au

12

6月1

Perfect Manual 2021

ほとんどお手上げの人も、
もっと使いこなしたい人も、
どちらもきっちりフォローします。

電話やメールはもちろん、写真や音楽、動画にゲーム、地図やノート…と、

数え上げてもきりがないほど多彩な用途に活用できるスマートフォン。

ある程度直感的に使えるようデザインされているとは言え、基本の仕組みや

操作はしっかり学んでおきたいところ。本書は、スマートフォン初心者でも

最短でやりたいことができるよう、要点をしっかり解説。Androidや主要な

アプリの操作をスピーディにマスターできる。また、スマートフォンをさらに

便利に快適に使うための設定ポイントや操作法、活用テクニックも随所に掲載。

この1冊でスマートフォンを「使いこなす」ところまで到達できるはずだ。

スマートフォンの初期設定を始めよう

初期設定の項目はあとからでも変更できる

スマートフォンを利用するには、まず初期設定を済ませる必要がある。端末の購入時にショップで初期設定を済ませてしまっている場合も多いと思うが、調子が悪くなった端末を初期化すると最初からやり直すことになるので、ざっと流れを知っておこう。といっても初期設定で重要なのは、Googleアカウント（P012で解説）と、docomo／auの場合はキャリアサービスの設定のみ。これらはあとからでも自由に設定を変更できるので、初期設定はすべてスキップして終わらせてしまってもかまわない。スキップした項目をあとから設定する場合の操作手順は、右にまとめている。

初期設定を終えたら、通知パネルにさまざまな通知が表示されるので、設定の確認やアプリの更新などを一通りすませよう。

最初からやり直すなら「データの初期化」

←	リセット オプション	🔍
	Wi-Fi、モバイル、Bluetooth をリセット	
	アプリの設定をリセット	
	すべてのデータを消去（出荷時リセット）	

初期設定中に行う操作は「設定」アプリで個別に設定し直すことができるが、すべての設定をリセットして完全に最初からやり直したい場合は、「設定」→「システム」→「リセットオプション」→「すべてのデータを消去」を実行しよう（P092で解説）。再起動後に、次ページの手順②言語設定から初期設定をやり直すことになる。

※初期設定の画面は、AQUOS R5G SHG01のものになります。機種によって画面や手順が異なる場合がありますので、あらかじめご了承ください。

● スマートフォンの初期設定の流れ

1 Wi-Fi接続設定

Wi-Fiに接続が可能なら、ここで接続設定を済ませておこう。この画面が表示されなくても、あとから「設定」→「ネットワークとインターネット」→「Wi-Fi」で接続することができる。

あとから設定する	設定 → ネットワークとインターネット → Wi-Fi

2 Googleアカウントの設定

Playストアなどの利用に必須となるGoogleアカウントを作成、または既存のアカウントでログインする。別のAndroid端末やiPhone、クラウドのバックアップデータから復元することもできる。

あとから設定する	設定 → アカウント → アカウントを追加 → Google

3 端末保護機能と生体認証の設定

端末を他人に無断で使われないよう、ロックNo.／パターン／パスワードで画面ロックを設定する。また顔や指紋を登録しておけば、生体認証で画面ロックを解除できるようになる。

あとから設定する	設定 → セキュリティ

4 ホーム画面の選択

機種によっては、初期設定中に端末メーカーやキャリア独自のホーム画面を選択できる場合がある。

あとから設定する	設定 → ホーム切替（設定→アプリと通知→標準のアプリ→ホームアプリの場合もあり）

5 キャリアサービスの初期設定

本体の初期設定終了後に、docomoとauはキャリアサービスやアプリを利用するための設定画面が起動する。

あとから設定する	docomo	設定 → ドコモのサービス/クラウド　で個別に設定
	au	設定 → au設定メニュー → au初期設定
	SoftBank	「My SoftBank」アプリで設定

● 初期設定が終わったら確認すること

通知パネルを開く

初期設定を終えると、さまざまな通知が表示される。通知内容を確認するには、ステータスバーを下にドラッグして通知パネルを開けばよい。

通知内容の確認と消去

通知をタップして関連するアプリや設定を起動

通知をタップすると、その通知に関連する設定やアプリが表示される。通知を左右にスワイプで消去できる。

ダークテーマをオフに

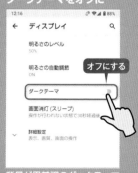

オフにする

背景が黒基調のダークテーマに設定されている場合は、「設定」→「ディスプレイ」→「ダークテーマ」をオフにすることで、白基調の画面に戻せる。

スマートフォンの初期設定手順

電源を入れる前に気になるポイントを確認

初期設定中にかかってきた電話に出られる？

初期設定中でも、かかってきた電話に応答できる。また着信履歴も残る。（※AQUOS R5G SHG01で確認。機種やキャリアによって動作が異なる場合があります。）

microSDカードは必要？

機種によっては、microSDカードでメモリを増やすことができる。音楽や動画、写真は後からでもmicroSDへ転送できるので、容量が足りなくなったら購入すればよい。

電波状況が悪いけど大丈夫？

電波が圏外でも、初期設定自体は問題なく進められる。アカウント登録やアプリのインストールなど、データ通信が必要な設定はできないが、Wi-Fiに接続済みであればこれらの設定も可能だ。

Wi-Fiの設置は必須？

なくてもネットを使えるが、モバイルデータ通信は一定の通信量を超えると規制がかかり、通信速度がいちじるしく低下するため、通信量を気にせず利用できるWi-Fiはできれば設置したい。また、通常はWi-Fiの方が高速にネットを利用できる。

バッテリーが残り少ないけど大丈夫？

初期設定の途中で電源が切れるとまた最初から設定し直すことになるので、バッテリー残量が少ないなら、充電ケーブルを接続しながら操作したほうが安心だ。

とにかく今すぐに使い始めたい

右下の「次へ」をタップして、すべてのステップを飛ばせばOK。P006で解説しているように、あとからでも「設定」アプリなどで各項目を設定できる。

1 電源をオンにする

2～3秒押す

POINT

前の画面に戻って操作をやり直す

バックキーがない場合は、左右の画面端を中央に向けてスワイプし、「＜」マークが表示されたら指を離す

一度済ませた設定を戻ってやり直したい場合は、下部にバックキーが表示されているならバックキーをタップ。表示されていないなら左右の画面端を中央に向けてスワイプすれば、ひとつ前の画面に戻る。

画面がスリープしたら電源キーを押す

押す

しばらく操作していないとスリープ状態になり画面が真っ暗になるが、電源キーを一度押せばすぐにスリープが解除され、元の設定画面が表示される。

電源がオフの状態なら、まずは本体側面にある電源キーを2～3秒押そう。電源がオンになり、画面が表示される。

2 言語を確認して「開始する」をタップ

「ようこそ」という画面が表示されるので、言語が「日本語」になっていることを確認したら、「開始」をタップしよう。

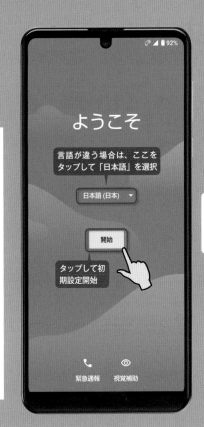

ようこそ

言語が違う場合は、ここをタップして「日本語」を選択

日本語 (日本) ▼

開始

タップして初期設定開始

緊急通報　視覚補助

POINT

ホーム画面が表示される場合は

電源を入れた際にこのようなホーム画面が表示される場合は、すでにショップなどで初期設定を済ませているはずだ。次ページからの手順は必要ない。初期設定の進め方や機種によって、ホーム画面のデザインは異なる。

次ページへ

3 Wi-Fi接続を設定する

接続可能なWi-Fiのアクセスポイントが表示される。Wi-Fiを設置済みであれば、自宅や職場のSSIDをタップしよう。Wi-Fiがなければ、下部の「セットアップ時にモバイルネットワークを使用する」をタップ。

Wi-Fi接続のパスワードを入力したら、「接続」をタップ。接続の確認が済むまでしばらく待とう。接続が完了したら、自動的に次の画面に進む。

4 新規端末としてセットアップする

新規端末としてセットアップするなら、この画面で「コピーしない」をタップしよう。他の機種やクラウドから、アプリとデータをコピーしたい場合は、「次へ」をタップしてそれぞれの手順へ。

POINT アプリとデータをコピーする場合は

「次へ」をタップすると、データの引き継ぎ方法を選択できる。引き継ぎ元をAndroidスマートフォンやクラウド（Googleアカウントのバックアップ）、iPhoneから選択しよう。

POINT Androidスマートフォンからデータを移行する

前に使っていたスマートフォンからデータを移行したいなら、「Androidスマートフォンからバックアップ」をタップ。以前の機種でGoogleアプリを開き、「Ok Google、デバイスのセットアップ」と話しかけよう。

以前の機種でこのスマートフォンの名前を見つけよう。あとは画面の指示に従って設定を進めていくだけで、以前に使っていたアプリやデータを簡単に引き継ぐことができ、元の環境に戻せる。

POINT クラウド（Googleアカウントのバックアップ）から復元する

前に使っていたスマートフォンの、Googleアカウントでバックアップしたデータからでも、アプリやデータを復元できる。「クラウドからバックアップ」をタップし、Googleアカウントでログインしよう。

操作を進めると、Googleアカウントのバックアップデータが一覧表示される。復元したい機種のバックアップを選択しよう。アプリや通話履歴、端末の設定など、復元対象を個別に選択することもできる。

iPhoneからデータを移行する

iPhoneやiPadの連絡先、カレンダー、写真・動画を、Android端末に移行したい場合は、「iPhone」をタップ。続けてiPhone側でSafariを起動し、android.com/switch/にアクセスしよう。

移行手順が表示されるので、指示通り進めよう。iPhone側ではGoogleドライブでデータのバックアップを済ませ、Android側では同じGoogleアカウントでログインすれば、バックアップした連絡先などが移行される。

5 「アカウントを作成」をタップする

Googleアカウントをまだ持っていない場合は、「アカウントを作成」→「自分用」をタップしよう。すでにGoogleアカウントを使っている場合は、右囲みの通りにログインして手順⑧に進めばよい。

Googleアカウントでログインする

Googleアカウントをすでに持っているなら、新規作成する必要はない。「メールアドレスまたは電話番号」欄にGmailアドレスを入力して「次へ」をタップ、続けてパスワードも入力してログインしよう。

6 Googleアカウントを新規登録する

まずは姓名や生年月日、性別を入力しよう。Googleの各種サービスで表示される名前で、本名である必要はない。名前はあとからでも、「設定」→「Google」→「Googleアカウントの管理」で変更できる。

ランダムに生成されたGmailアドレスを選択するか、または「別のGmailアドレスを作成する」にチェックして好きなアドレスを入力しよう。すでに使われているユーザー名は使用できない。

使用できるユーザー名を入力したら、続いてパスワードの入力画面になる。上段「パスワードを作成」に8文字以上のパスワードを入力し、下段に同じパスワードを再入力して、「次へ」をタップしよう。

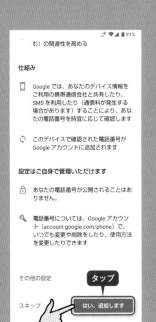

Googleアカウントのパスワードを忘れてしまった場合に備え、再設定用の電話番号を登録しておこう。「はい、追加します」をタップすれば、この端末の電話番号がGoogleアカウントに紐付けられる。

次ページへ

7 利用規約に同意しアカウントを作成

作成されたメールアドレスを確認して「次へ」をタップすれば、Googleアカウントの作成は完了。続けて利用規約の画面を下にスクロールし、表示される「同意する」ボタンをタップしよう。

8 Googleサービスで有効にする機能を確認

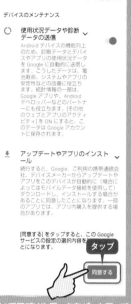

続いてアプリやデータをバックアップすることを許可するかなど、Googleサービスが利用する機能について確認を求められるので、一通り確認したら「同意する」をタップしよう。

9 生体認証と画面ロックを設定する①

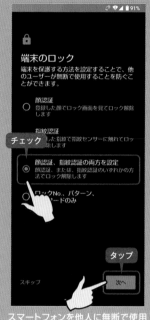

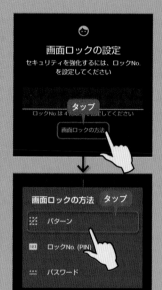

スマートフォンを他人に無断で使用されないよう、生体認証やロックNo.で画面をロックしておこう。ここでは「顔認証、指紋認証の両方を設定」を選択して、「次へ」をタップ。

生体認証を登録するには、ロックNo.など予備の画面ロックの登録も必要となる。他の画面ロック方法を選択したい場合は、「画面ロックの方法」をタップ。ここでは「パターン」を選択する。

10 生体認証と画面ロックを設定する②

最低4つのドットを一筆書きでなぞって、ロック解除のパターンを登録しよう。パターンを入力したら「次へ」をタップし、同じパターンを再入力して「確認」をタップする。

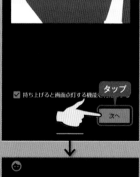

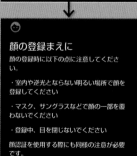

顔認証によるロック解除を登録する。「持ち上げると画面点灯する機能を有効にする」にチェックして「次へ」をタップし、顔の登録前の注意点を確認して「OK」をタップ。

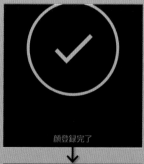

画面内のガイドに顔を合わせて顔データを登録し、ロック画面の解除タイミングを選択する。「見るだけですぐ」にチェックすれば、画面点灯してすぐに顔認証でロック解除できる。

続けて指紋によるロック解除も登録しよう。「次へ」をタップし、指紋認証センサーの位置を確認したら「次へ」をタップ。

11 指紋の登録を完了する

指紋の登録完了
このアイコンが表示されているときは、本人確認や購入の承認に指紋認証を使用できます

別の指紋を登録　　　次へ　　タップ

指紋認証センサーに指を当て、振動したら指を離すという操作を何度か繰り返すと、指紋の登録が完了する。「次へ」をタップしよう。

12 Googleアシスタントを有効にする

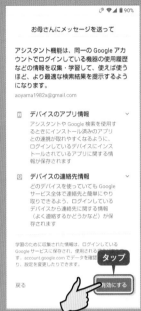

お母さんにメッセージを送って

アシスタント機能は、同一の Google アカウントでログインしている機器の使用履歴などの情報を収集・学習して、使えば使うほど、より最適な検索結果を提示するようになります。

aoyama1982x@gmail.com

デバイスのアプリ情報
アシスタントや Google 検索を使用するときにインストール済みのアプリとの連携が取れやすくなるように、ログインしているデバイスにインストールされているアプリに関する情報が保存されます

デバイスの連絡先情報
どのデバイスを使っていても Google サービス全体で連絡先と簡単にやり取りできるよう、ログインしているデバイスから連絡先に関する情報（よく連絡するかどうかなど）が保存されます

学習のために収集した情報は、ログインしている Google サービスに保存され、使用されます。account.google.com でデータを確認したり、設定を変更したりできます。

戻る　　有効にする　　タップ

Googleアシスタントの設定を行う。アシスタントが利用する機能を確認したら、「有効にする」をタップ。続けて「次へ」をタップしていき、アシスタントの使い方を確認しよう。

13 Voice Matchを有効にする

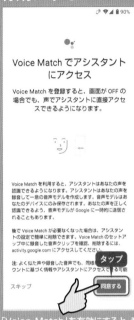

Voice Match でアシスタントにアクセス

Voice Match を登録すると、画面が OFF の場合でも、声でアシスタントに直接アクセスできるようになります。

Voice Match を利用すると、アシスタントはあなたの声を認識できるようになります。アシスタントはあなたの声を録音して一意の音声モデルを作成します。音声モデルはあなたのデバイスにのみ保存されます。あなたの声を正しく認識できるよう、音声モデルが Google に一時的に送信されることもあります。

後で Voice Match が必要なくなった場合は、アシスタントの設定で簡単に削除できます。Voice Match のセットアップ中に録音した音声クリップを確認、削除するには、activity.google.com にアクセスしてください。

注: よく似た声や録音した音声でも、同様のアカウントに基づく情報やアシスタントにアクセスできる可能

スキップ　　同意する　　タップ

「Voice Match」を有効にすると、音声でGoogleアシスタントの機能を利用できるようになる。「同意する」をタップし、「Ok Google」と発声して自分の声を登録しておこう。

14 その他の項目を設定して初期設定を完了

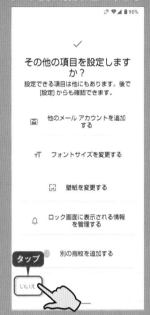

その他の項目を設定しますか？
設定できる項目は他にもあります。後で[設定] からも確認できます。

他のメール アカウントを追加する

フォントサイズを変更する

壁紙を変更する

ロック画面に表示される情報を管理する

タップ　　別の指紋を追加する

いいえ

音声録音を開始したり、Google Payのカードを追加するといった項目は「次へ」で飛ばしても問題ない。最後の「その他の項目」もあとから設定できるので、「いいえ」をタップして初期設定を完了しよう。

キャリアのサービスを設定する

docomo、auは設定ウィザードで初期設定を進めよう

　初期設定を終了すると、各キャリアのサービスの設定が開始される。SoftBank版の場合は、通知パネルの「My SoftBankのご案内」をタップ。docomo版とau版は、それぞれ独自サービスを利用するための設定が開始されるので、画面に従って設定を進めよう。あとからでも、docomo版は「設定」→「ドコモのサービス/クラウド」で、au版は「設定」→「au設定」→「au設定メニュー」→「au初期設定」で設定をやり直せるので、設定はすべて「利用しない」などにチェックして、スキップしてしまっても構わない。

ドコモサービスの設定画面

ドコモサービス

ドコモを始める前に、各サービスのご利用条件などについて、リンク先の内容をご確認ください。

ご注意事項、ソフトウェア使用許諾規約など

アプリ・プライバシー・ポリシー（個人情報の取り扱いについて）

オンにする

上記のリンク先の内容に同意する

＊端末の「位置情報」設定がONの場合、位置測位の補助機能及びドコモのネットワークの品質向上などのために、ドコモへGPS位置情報が送信されます。

タップ　　次へ

docomo版では、「すべてのリンク先の内容に同意する」をオンにして「次へ」をタップし、dアカウントやドコモクラウドの設定を進めていく。

auサービスの設定画面

22:08

こんにちは
お客さまのスマートフォンを快適に利用するための設定を行いましょう

利用規約をご確認の上、ご利用ください

端末内のアプリをアップデートしますか？
あらかじめインストールされているアプリを最新の状態にする場合はチェックを入れてください。

タップ

☑ アップデートする

はじめる

au版も「au初期設定」が開始されるので、「はじめる」をタップして設定を進めよう。au IDのを設定したり、独自アプリやサービスの追加インストールなどを行える。

あとから設定する場合は

13:34

← ドコモのサービス/クラウド

dアカウント設定
ドコモアプリで利用するdアカウントを設定します（Wi-Fi接続時の利用も含む）

ドコモクラウド
ドコモクラウドに対応した各種サービスのクラウド設定を行います

ドコモアプリデータバックアップ
各アプリのデータバックアップ/復元の設定やデータがバックアップされたアプリの一覧を確認できます

ドコモアプリ管理
アプリのアップデートなどを行います

おすすめアプリ
おすすめアプリの設定や過去に受信した通知の確認ができます

おすすめ使い方ヒント
おすすめ使い方ヒントの設定や過去に表示されたヒントの確認ができます

オートGPS
オートGPS機能の設定、測位した場所の履歴

ドコモ位置情報

docomo版は「設定」→「ドコモのサービス/クラウド」から、各項目を個別に設定できる。au版は「設定」→「au設定メニュー」→「au初期設定」で、同じ設定ウィザードが起動し設定をやり直せる。

スマートフォンに必須の Googleアカウントを理解する

スマートフォンでは Googleアカウント は必要不可欠

　初期設定中（P006から解説）に登録を求められる「Googleアカウント」は、Googleのサービスを利用するのに必要なアカウントだ。Googleのサービスには、アプリを入手するための「Playストア」や、端末データのバックアップ、復元機能も含まれるので、スマートフォンを利用するのに必須のアカウントと言っていい。初期設定中に追加していないなら、「設定」→「アカウント」→「アカウントを追加」で「Google」を選択して追加しておこう。なお、docomoやauの機種は、初期設定の終了後に「dアカウント」や「au ID」の登録が求められる（P011で解説）。これらはdocomoやauのサービスを利用するのに必要なもので、サービスを使わないなら設定をスキップしても特に問題はない。

アプリのインストール に必須のアカウント

　スマートフォンにアプリをインストールするには、「Playストア」というアプリストアを利用する。このPlayストアの利用に必須なのがGoogleアカウントだ。有料アプリの購入履歴もアカウントに記録されるので、機種変更した際も同じアカウントを使えば無料でインストールし直せる。

スマートフォンにGoogleアカウントを追加していれば、Playストアからさまざまなアプリをインストールして利用できるようになる。

機種変更しても同じGoogleアカウントを使えば、購入済みの有料アプリはインストールボタンに価格が表示されず、無料で再インストールできる。

アカウント＝Gmailアドレス
↓
aoyama1982@gmail.com

Googleアカウント名が、そのままGmailのアドレスになる。@以前の文字列は自由に設定できるが、一般的な名称はすでに他のユーザーに使われているので、自分の名前などをアドレスにするのは難しい。名前＋数字にするなどの工夫が必要だ。

Google アカウントを 取得するには

Googleアカウントを新規取得するには、まず「設定」→「アカウント」→「アカウントを追加」をタップ。続けて「Google」をタップする。

「アカウントを作成」→「自分用」をタップし、必要な情報を入力していこう。初期設定中でも作成でき、詳しい手順はP006で解説している。

Googleアカウントの 設定を変更する

　Googleアカウントのアクセス履歴を確認したり、パスワードや支払い情報を変更するには、「設定」→「Google」→「Googleアカウントの管理」をタップすればよい（P080で解説）。また、Googleアカウントはさまざまな履歴データを自動的に収集、記録しているので、どんな情報が保存されているか一度確認しておくのがおすすめだ。

Googleアカウントの 管理画面を開く

Googleアカウントの設定は、「設定」→「Google」→「Googleアカウントの管理」で管理できる。保存されている履歴データも確認しておこう。

複数のGoogleアカウントを 追加して使い分ける

　Googleアカウントは複数作成できるし、1台のスマートフォンに複数のGoogleアカウントを追加して使い分けることも可能だ。上記の通り「設定」→「アカウント」→「アカウントを追加」→「Google」をタップし、別のGoogleアカウントでログインすればよい。アカウントの切り替えはアプリ側で行う。

Googleアカウントを 切り替える方法

GmailやPlayストアなどのGoogleアプリを起動して、アカウントボタンをタップしてメニューを開くと、追加した別のGoogleアカウントに切り替えできる。

Googleアカウントでできること

さまざまな機器と同期できる

　同じGoogleアカウントで、他のAndroidスマートフォンやタブレット、iPhone／iPad、パソコンなどにログインすれば、すべてのデバイスで同じ連絡先、メール、カレンダー、ブラウザのブックマークなどを利用することができる。

データをバックアップ・復元できる

　設定の「システム」→「バックアップ」→「Googleドライブへのバックアップ」をオンにしておけば、端末を初期化したり機種変更した際に、同じGoogleアカウントを登録するだけで、端末の設定やインストール済みアプリが復元される。

紛失した端末を探し出せる

　P095で詳しく解説するが、端末にGoogleアカウントを追加しておけば、万一端末を紛失しても、「デバイスを探す」機能を使って、他の端末やパソコンから紛失した端末の現在地を確認することができる。

連絡先をクラウドに保存できる

　スマートフォンで作成した連絡先はGoogleアカウントに保存され、機種変更した際も同じGoogleアカウントを使うだけで復元できる。docomoの端末は、連絡先の保存先がdocomoアカウントになっている場合があるので、設定を変更しておこう（P042で解説）。

各種サービスのログインに使う

　Google以外のアプリやサービスを利用する際に、新しくユーザー登録しなくても、Googleのアカウントとパスワードを使ってログインできる場合がある。Googleアカウントを使ってログインしたサービスは、「Googleアカウントの管理」で確認しよう。

例えば Dropbox などの定番サービスでも、Google アカウントを使ってログインすれば、ユーザー登録なしに利用開始できる

Googleアカウントで同期する項目の確認

「設定」→「アカウント」でGoogleアカウント名を選択し「アカウントの同期」をタップすると、同期する項目を確認できる。連絡先などが表示されない時は、スイッチがオフになっていないか確認しよう。

Googleの便利なアプリやサービスを利用できる

Gmail
→P044

メール検索、迷惑メール排除、ラベル／フィルタ機能などが強力な、Googleの無料メールサービス。プリインストールされているGmailアプリを起動すればすぐに利用できる。

Chrome
→P052

Google製のWebブラウザ。アプリの設定でGoogleアカウントにログインすれば、同じアカウントでログインしている他のChromeと、ブックマークや開いているタブを同期できる。

フォト
→P064

スマートフォンで撮影した写真や動画の管理アプリ。「バックアップと同期」を有効にすると、撮影した写真や動画は自動的にクラウド上にアップロードされ、他のデバイスからも見ることができる。

カレンダー
→P070

Google製のカレンダーアプリ。端末にGoogleアカウントを追加していれば、起動するだけで、予定が同期される。カレンダーで登録した予定も、すぐにGoogleカレンダーに反映される。

Googleドライブ

さまざまなファイルをアップロードして、他のデバイスと同期できるオンラインストレージ。また、オフィス文書の閲覧・編集機能を備え、複数ユーザーで共同編集もできる。

Googleアカウントでバックアップ&復元する

バックアップ設定とバックアップデータの確認

バックアップ設定をオンにしておく

オンにしておくと、アプリ内のデータや通話履歴、端末の設定などが定期的にバックアップされる

「設定」→「システム」→「バックアップ」で、「Googleドライブへのバックアップ」がオンになっていることを確認しよう。これで、アプリデータや端末の設定が定期的にバックアップされるようになる。

バックアップ先のアカウントを確認

バックアップ先のGoogleアカウント

「アカウント」に表示されているアカウントが、このデバイスのバックアップ先アカウントになる。タップして他のアカウントを追加し、バックアップ先を切り替えることも可能だ。

バックアップデータを確認する

Googleドライブの「バックアップ」でバックアップデータが一覧表示される。タップするとバックアップされた内容を個別に確認できる

バックアップされたデータは、Googleドライブアプリのメニューで「バックアップ」をタップすれば確認できる。ただし、端末を2週間使わなかった場合、バックアップデータは2ヶ月後に削除されるので注意しよう。

クラウドに保存されているもの

連絡先

スマートフォンで作成した連絡先は、クラウド上のGoogleアカウントに保存されるので、機種変更時や復元時も、Googleアカウントでログインするだけで復元される。

Gmail

Gmailのメールボックスもクラウド上で保存、管理される。同じアカウントでログインすれば、スマホやパソコンで同じ受信メールや送信メールを操作できる。

写真と動画

「フォト」アプリの自動バックアップ設定（P064で解説）を済ませておけば、スマートフォンで撮影した写真や動画は、自動的にクラウド上にバックアップされる。

その他必要なファイルはパソコンにコピー

タップ

自動バックアップできないファイルは、パソコンにコピーしておこう。Windowsの場合は、パソコンとUSB接続して、通知パネルからUSB接続通知を開き、「ファイル転送」をタップ。Macの場合は、専用の転送ソフト「Android File Transfer」を利用する。

バックアップデータから復元するには

1 アプリとデータのコピーで「次へ」

タップ

端末の調子が悪い時は、P092の通り一度端末を初期化してみよう。初期化が済んだら、P006からの手順に従い、「アプリとデータのコピー」画面で「次へ」をタップする。

2 クラウドからバックアップを選択

タップ

データ引き継ぎ方法の選択画面が表示される。Googleアカウントでバックアップしたデータを復元するには、「クラウドからバックアップ」をタップすればよい。

3 Googleアカウントでログインする

Googleアカウントを入力してログイン

Googleアカウントを入力し「次へ」をタップ。続けてパスワードを入力し、2段階認証を設定している場合はログイン方法を選んで認証を済ませる。

4 復元するバックアップを選択する

復元したいデータをタップ

このGoogleアカウントのバックアップデータが一覧表示されるので、復元したいデータをタップしよう。復元するアプリなども個別に選択できる。

Section 01
スマートフォン
スタートガイド

スマートフォンを手にしたらまずは覚えたい
ボタンやタッチパネルの操作、画面の見方、
文字の入力方法など、基本中の基本を総まとめ。

P016 本体に備わるボタンやスロットの名称と操作法
P018 システムナビゲーションとタッチ操作の基本動作
P020 ホーム画面のしくみとアプリの起動方法
P022 アプリ管理画面の操作とホーム画面へのアプリ追加
P024 ステータスバーと通知パネル、クイック設定ツールの操作法
P026 文字の入力方法
P030 まずは覚えておきたい操作&設定ポイント

ホームアプリについての注意点

操作の出発点となる「ホーム画面」は、複
数の種類から選択することができる。本書
では、「かんたんホーム」やドコモ版独自の
「docomo LIVE UX」は使用せず、機種オ
リジナルのホーム画面を用いて解説して
いるのでご注意いただきたい。この章では、
「Xperiaホーム」を使用している。なお、
ホーム画面の変更は、「設定」→「アプリと
通知」→「標準のアプリ」→「ホームアプリ」
や、「設定」→「ホーム切替」などで行う。

本体に備わるボタンや
スロットの名称と操作法

まずはスマートフォンに備わるボタンをはじめとした各部名称と機能、操作法を覚えよう。すべての機種に共通するのが電源キーと音量キーの2つのキー（ボタン）。文字通り電源のオン／オフと音量の調整を行える。機種によっては、この2つ以外の特別なキーが備わっている場合もある。また、充電やデータ転送用ケーブルを接続するコネクタや、イヤホンジャック、SIMカードやSDカードを挿入するスロットもほとんどの機種に共通して搭載されている。

主なボタンや端子の名称（写真はXperia 1 II ※一部除く）

イヤホンジャックが搭載されている場合

本体上部や下部にイヤホンジャックが搭載されている場合は、イヤホンやヘッドホン、ヘッドセットを接続できる。イヤホンジャック非搭載の機種は、USB-Cコネクタを使用する。

SIMカード／
SDカードスロット

トレイを引き出すと通信キャリアのSIMカードがセットされている。SIMフリー機種の場合は、契約したSIMカードをここにセットする。また、SDカードをセットしてメモリを増やすこともできる。

USBコネクタ

充電やデータ転送を行うためのケーブルを接続するコネクタ。現行機種の多くで、USB Type-Cが採用されている。イヤホンやヘッドホンをここに接続する機種もある。

音量キー

音楽や動画など、メディアの音量をコントロールできるキー。一部の機種を除きAndroid 9.0以降では、着信音や通知音の音量をこのキーで調整することはできない。

電源キー

電源のオン／オフやスリープ／スリープ解除を行うキー。Xperia 1 IIの場合、電源キーに指紋センサーも搭載されており、ロック解除時などの認証に利用できる。

機種固有のキー

例えばXperiaシリーズでは、カメラの起動やシャッターとして使えるカメラキーが備わっている。その他、Galaxyの旧モデルに備わるBixbyボタン（AIアシスタントを利用できる）など、機種固有のボタンが搭載されている場合もあるのでチェックしよう。

物理ホームキーは絶滅した!?

近年のスマートフォンは、ディスプレイの狭額縁化とフルスクリーン化が進み、物理的なホームキーを搭載したモデルはほとんどない。ただし、AQUOSの一部モデルのように、画面下の指紋センサーを物理的なホームキーとして利用できる機種もある（P036で解説）。

AQUOS R5Gの指紋センサーもホームキーとして利用できる

スマートフォン スタートガイド

SECTION 1

主なボタンの操作方法

電源キー

基本的には本体側面に配置されている電源キー。電源のオン／オフと画面のスリープ／スリープ解除を行える。また、Galaxyなどの機種では、素早く2回連続で押すことでカメラを起動できる。写真はXperia 1 IIの電源キー。

POINT **電源オフとスリープの違い**

電源オフは、電話やメールなどの通信機能をはじめ、おサイフケータイを除く全機能を無効にした状態で、バッテリーはほとんど消費されない。一方スリープは、画面を消灯しただけの状態で、電話やメールの着信をはじめとする通信機能や多くのアプリの動作はそのまま実行される。バッテリーは、通信などの動作である程度消費される。

電源のオン／オフ

キーを長押し

キーを一度押しても画面が表示されない時は、電源がオフになっている。キーを数秒間長押しして短くバイブレーションが動作したら電源がオンに。電源オンの状態で長押しすると、メニューが表示され、電源オフや再起動、緊急省電力モードを選択できる。

長押しするとメニューが表示。「電源を切る」をタップして電源オフに

↔

電源オフ時に長押しすると、ブランドや通信キャリアのロゴが表示され起動する

スリープ／スリープ解除

キーを押す

画面が表示されている状態でキーを一度押すと、画面がロックされスリープ（消灯）状態に。使わない時はこまめにスリープさせるとバッテリーの消費を抑えられる。スリープ（消灯）時にキーを押すと、ロック画面が表示される。

起動時に押すと画面がロックされスリープする

↔

画面が消灯したスリープ時に押すとロック画面が表示される

音量キー

本体側面の音量キーで音楽や動画など、メディアの音量を調整できる。このボタンでは、着信音や通知音の音量は操作できないので注意しよう（一部の機種では、通知音が鳴った直後のみ操作可能）。ボタンを操作すると操作パネルが表示され、スライダーでも音量を調整できる。また、音符ボタンでメディアの消音、ベルボタンで着信音や通知音を消音するマナーモードに切り替えることも可能だ。一番下のボタンをタップすれば各種音量を個別に調整できる。

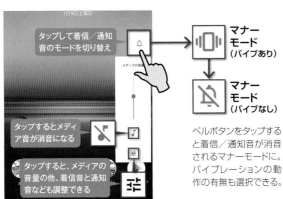

タップして着信／通知音のモードを切り替え

タップするとメディア音が消音になる

タップすると、メディアの音量の他、着信音と通知音なども調整できる

→ **マナーモード（バイブあり）**

↓

マナーモード（バイブなし）

ベルボタンをタップすると着信／通知音が消音されるマナーモードに。バイブレーションの動作の有無も選択できる。

POINT **ロック画面について理解しておこう**

指紋センサーに指を当てたり、パスワードを入力してロックを解除する

ロック画面を上へスワイプする

電源オンもしくはスリープ解除時は、まずこのような「ロック画面」が表示される。時刻や日付の他、設定によっては電話の着信やメールやLINEの受信などを知らせる通知も表示される。画面を上へスワイプしてロックを解除し、スマートフォンを使い始めよう。また、不正利用されないよう、ロック画面にはパスワードや指紋認証、顔認証などのセキュリティをしっかり設定しておこう。

システムナビゲーションと
タッチ操作の基本動作

前ページで解説した電源キーや音量キー以外のほとんどの操作は、タッチパネルに指で触れて行う。中でも基本となるのが、ホーム画面やひとつ前の画面に戻るなどの操作を行う「システムナビゲーション」だ。また、タッチパネルは単純にタッチするだけではなく、画面をなぞったりはじいたり2本指を使ったりしてさまざまな操作を実行する。それぞれ操作名が付いており、本書ではその操作名を使って手順を解説しているので、しっかり覚えておこう。

システムナビゲーションの操作法

システムナビゲーションは2種類の方法がある

システムナビゲーションの操作法は多くの機種で2種類用意されている。Android 10で採用された最新の「ジェスチャーナビゲーションと旧来の「3ボタンナビゲーション」」だ。使いやすい方を設定しよう。

ジェスチャーナビゲーション…ボタンをなくして画面を広く使える最新の操作法

1 上へスワイプ
ホーム画面に戻る
画面の下端から上へスワイプすると、操作の出発点となるホーム画面に戻ることができる。なお、ホーム画面で同じ操作を行うとアプリ管理画面を開くことができる(P022で解説)。

2 中央へスワイプ
ひとつ前の画面に戻る
画面の左端もしくは右端から中央へスワイプすると、ひとつ前の画面に戻ることができる。Chromeで前のページに戻ったり、設定ではひとつ前のメニューに戻ることができる。

3 スワイプして止める
アプリ履歴を表示
画面下端から上へスワイプし途中で止める(本体が振動したところで止める)と「アプリ履歴」が表示される。最近使ったアプリの履歴が画像で一覧でき、タップして素早く起動できる。

POINT

システムナビゲーションの切り替え方法

システムナビゲーションの操作法は、「設定」→「システム」の「操作」や「ジェスチャー」にある「システムナビゲーション」で変更できる。

タップして設定しよう。標準でどちらに設定されているかは機種によって異なる。

3ボタンナビゲーション…ボタンをタップする旧来のわかりやすい操作法

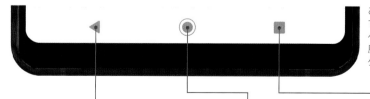

これはXperiaの3ボタンナビゲーション。AQUOSではホームボタンは表示されないので、中央のスペースをタップする。Galaxyではバックとアプリ履歴が逆に配置されているなど、機種によってナビゲーションのレイアウトが異なる場合もある。

バックボタン
ひとつ前の画面に戻る
タップするとひとつ前の画面に戻ることができる。Chromeで前のページに戻ったり、設定ではひとつ前のメニューに戻ることができる。

ホームボタン
ホーム画面に戻る
タップすると、どんな画面を表示していても操作の出発点となるホーム画面へ戻ることが可能。アプリでの作業が終了した際や、操作がわからなくなった時は、ひとまずホーム画面に戻るとよい。

アプリ履歴ボタン
アプリの使用履歴を表示
タップすると「アプリ履歴」が表示される。最近使ったアプリのの履歴が画像で一覧でき、タップして素早く起動できる。

タッチパネルの操作方法

スマートフォンを操るための7つの必須操作

ここで解説する7つの動きを覚えておけば、スマートフォンのほとんどすべての操作を行うことができる。また、それぞれの動作には名前が付いており、本書ではその操作名を使って手順を解説している。すべて覚えておこう。

システムナビゲーションとタッチ操作の基本動作

タッチ操作 1
タップ

トンッと軽くタッチ

画面を1本指で軽くタッチする操作。ホーム画面でアプリを起動したり、画面上のボタンやメニューの選択、キーボードでの文字入力などを行う基本中の基本操作。

タッチ操作 2
ロングタップ

1〜2秒タッチし続ける

画面を約1〜2秒間タッチしたままにする操作。ホーム画面でアプリをロングタップした後、移動させたり、メールなどの文章をロングタップして文字を選択可能。

タッチ操作 3
スワイプ

画面を指でなぞる

画面をさまざまな方向へ「なぞる」操作。ホーム画面を左右にスワイプしてページを切り替えたり、マップの表示エリアを移動する際など、頻繁に使用する操作法。

タッチ操作 4
フリック

タッチしてはじく

画面をタッチしてそのまま「はじく」操作。「スワイプ」とは異なり、はじく強さの加減よって、勢いを付けた画面操作が可能。ゲームなどでよく使用する操作法だ。

タッチ操作 5
ドラッグ

押さえたまま動かす

画面上のアイコンなどを押さえたまま、指を離さず動かす操作。ホーム画面でアプリをロングタップし、そのまま動かせば、位置を変更可能。文章の選択にも使用する。

タッチ操作 6
ピンチアウト／ピンチイン

2本指を広げる／狭める

画面を2本の指(基本的には人差し指と親指)でタッチし、指の間を広げたり(ピンチアウト)狭めたり(ピンチイン)する操作法。主に画面の拡大／縮小で使用。

タッチ操作 7
ダブルタップ

素早く2回タッチする

タップを2回連続して行う操作。素早く行わないと、通常の「タップ」と認識されることがある。画面の拡大や縮小表示に利用する以外は、あまり使わない操作だ。

特殊なタッチ操作
2本指で回転

画面をひねるように操作

マップなどの画面を2本指でタッチし、そのままひねって回転させると、表示を好きな角度に回転させることとができる。ノートなどのアプリでも使える場合がある。

ホーム画面のしくみと
アプリの操作方法

スマートフォンの操作の出発点となるのが「ホーム画面」だ。よく使うアプリを配置しておき、タップして起動するのが基本的な操作法だ。また、ウィジェットというパネル状のツールを配置して、情報を表示したりさまざまな操作を行うこともできる。画面に大きく表示されている時計もウィジェットのひとつだ。ここでは、スマートフォンを操作する上で基本中の基本となるホーム画面の仕組みとアプリの起動方法を確認しておこう。

ホーム画面の基本構成を把握しておこう

ホーム画面は複数のページで構成される

「ホーム画面」は、スマートフォンの最も基本的な画面で、よく利用するアプリやウィジェットを登録しておき、素早く起動して利用したり、情報の確認やさまざまな操作を行える。P016で解説した操作法で、いつでもこの画面に戻ることができる。使用中のアプリを終了する時も、同じ操作を行ってホーム画面に戻るだけでOKだ。

ホーム画面は縦○枠×横○枠（数は機種によって異なる）のエリアを持つ画面が複数用意されており、左右にスワイプして切り替えて利用する。枠の数だけアプリやフォルダを配置可能だ。また、一番下の一列を「ドック」と呼び、画面を切り替えても固定された状態で表示される。最も頻繁に使うアプリを登録しておくと便利だ。ホーム画面にはあらかじめアプリやウィジェットが配置されているが、削除や移動、並べ替え、新たなアプリの追加は自由に行える（P022〜023で解説）。

ウィジェット
情報を表示したり、アプリの機能を呼び出すパネル型ツール。最初から表示されている時計もウィジェットのひとつだ。

複数の画面を切り替えて利用
ホーム画面は左右にスワイプして、複数の画面を利用できる。使用頻度や用途別にアプリやウィジェットを振り分けておこう。画面の数は増やすことができる。また、3ボタンナビゲーションでは、ホームボタンをタップして1ページ目の画面に戻ることができる。

特別な画面
機種によっては、ホーム画面を右へスワイプし、一番左の画面を表示すると「Google Now」（Xperiaなど）や「Galaxy Daily」（Galaxy）といったアシスタント機能を利用できる。

ドックは固定表示
この部分を「ドック」と呼び、画面を左右に切り替えても固定された状態で表示される。ドックのアプリは好きなものに入れ替えられる。

上にスワイプかホームボタンをタップ
どんなアプリの画面を開いていても、上にスワイプ（ジェスチャーナビゲーション）かホームボタンをタップ（3ボタンナビゲーション）すれば、このホーム画面に戻ることができる。

アプリ
アイコンをタップして起動する。標準では、Googleやメーカー、通信キャリアのアプリが配置されている。

ホーム画面のアプリを操作する

1 / 利用したいアプリの
アイコンをタップする

ホーム画面にあるアプリをタップすると、そのアプリが起動する。例えばインターネットでWebサイトを見たい場合は、Chrome（上の画像のアイコン）をタップしよう。パソコンと同じようなWebブラウザが利用できる。

2 / 即座にアプリが起動し
さまざまな機能を利用可能

即座にアプリが起動して、さまざまな機能を利用できる。Chromeなら、アドレスバーにキーワードを入力してGoogle検索を行うか、直接URLを入力してWebサイトへアクセス可能（文字入力の方法はP026以降で解説）。

3 / 利用中のアプリを
終了する

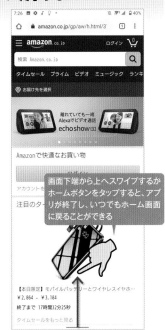

アプリを終了するには、画面下端から上へスワイプするかホームボタンをタップしてホーム画面に戻ればよい。多くのアプリは、再び起動した際も終了した時点の画面から操作を再開できる。

4 / 最近使用したアプリ
の履歴を表示する

画面下端から上へスワイプして途中で止めるか、アプリ履歴ボタンをタップすると、アプリの使用履歴が一覧表示される。左右にスワイプして再度起動したいものをタップする。

5 / アプリの使用履歴
を削除する

アプリの使用履歴は、画面のサムネイルを上へフリックすることで削除できる。履歴から削除すれば、バックグラウンドで動作しているアプリも完全終了できる。一番左の「すべてクリア」をタップしてまとめて削除可能だ。

6 / アプリを素早く
切り替える

ジェスチャーナビゲーションに設定している場合、画面下部を左右にスワイプすることで、アプリ履歴を表示することなく使用アプリを素早く切り替えることができる。

アプリ管理画面の操作と
ホーム画面へのアプリ追加

スマートフォンにインストールされているすべてのアプリは、アプリ管理画面で一覧表示できる。アプリ管理画面からよく使うアプリを選んでホーム画面に配置するわけだが、ホーム画面に配置されているアプリのアイコンはショートカットのようなものだ。この仕組みをきちんと理解しておこう。アプリ管理画面は、ナビゲーションバーを上へスワイプすることで表示できる。

最初に仕組みを覚えておこう

アプリ管理画面（「ドロワー」や「ランチャー」とも呼ばれる）は、スマートフォンにインストールされているすべてのアプリを表示、確認できる画面だ。はじめからインストールされている通信キャリアやメーカーのアプリはもちろん、Playストアからインストールしたアプリもすべてここに追加されていく。そして、アプリ管理画面の中からよく使うアプリを選んで、ホーム画面に追加する仕組みだ。ホーム画面に追加されたアプリは、削除してもアプリ管理画面からいつでも再追加可能。ホーム画面のアプリはショートカットのような存在で、本体はアプリ管理画面にあることを覚えておこう。アプリ管理画面は、ホーム画面上を上へスワイプすることで表示できる。また、アプリが増えすぎて目当てのアプリが見つからない時は、アプリ名による検索機能も利用可能だ。なお、アプリ管理画面内にフォルダを作ってアプリを整理することもできる（P032で解説）。

アプリ管理画面を表示する

ホーム画面上を上へスワイプする。途中で止めるとアプリ履歴画面になる場合があるので注意しよう。アプリ使用中の場合は、画面下端から上へスワイプし、途中で止めていったんアプリ履歴を表示し、画面下部のアプリが並んだパネルを上へスワイプしてアプリ管理画面を引き出す。

アプリ管理画面が表示された。インストール中の全アプリがここに表示される。アプリが増えた場合は、下へスクロールして表示しよう（機種によっては左へスワイプ）。ここからアプリを選んでホーム画面に追加する（右ページ参照）。もちろん、アプリ管理画面でアプリをタップして起動することもできる。

キーワード検索や
オプション機能

機種によってはアプリ管理画面上部に検索ボックスやオプションボタンがあり、アプリのキーワード検索や並べ替えなどを行える。

目当てのアプリが見つからない時はアプリ名でキーワード検索しよう

スマートフォン スタートガイド

SECTION 1

アプリのホーム画面への追加と削除、アンインストール

アプリ管理画面から ホーム画面へアプリを登録①

アプリ管理画面でホーム画面へ追加したいアプリをロングタップし、ドラッグして少し移動させる。するとホーム画面への追加画面に切り替わる。

アプリ管理画面から ホーム画面へアプリを登録②

左の操作でホーム画面追加画面に切り替わらない場合は、画面上部に「ホーム画面に追加」と表示されているはずだ。アプリを「ホーム画面に追加」へドラッグしよう。

ホーム画面の好きな位置にアプリを配置する

ホーム画面への追加画面になったら、そのまま好きな位置へドラッグして指を離す。画面の左右端へドラッグすると、隣のページへ移動して配置することができる。

ホーム画面から アプリを削除する

ホーム画面のアプリをロングタップし、画面上部の「削除」へドラッグすれば、ホーム画面からアプリを削除できる。ロングタップで表示される「ホームから削除」などを選ぶ方法もある。

端末からアプリを アンインストールする

ホーム画面やアプリ管理画面でアプリをロングタップし少しドラッグ。画面上部に表示される「アンインストール」へドラッグすればアプリをアンインストールできる。ロングタップして表示されるメニューで「アンインストール」を選ぶ機種もある。

POINT ホーム画面には 簡単に再追加可能

ホーム画面から削除したアプリも、アプリ管理画面には残っている

ホーム画面のアプリはショートカットのようなものなので、削除してもアプリ管理画面からすぐに再追加できる。アプリのアンインストールは、スマートフォンから削除することになるので、再追加するにはPlayストアから再度インストールする必要がある（P056で詳しく解説）。

ステータスバーと通知パネル、クイック設定ツールの操作法

画面上部の時刻や電波状況が表示されている細長いエリアを「ステータスバー」と呼ぶ。ステータスバーでは、本体の状態や現在有効な機能を確認できる他、電話やメールの着信をはじめとする、アプリからのさまざまな情報を知らせるアイコンが表示される。ここでは、ステータスバーを下へ引き出して利用できる「通知パネル」と、そこから利用できる「クイック設定ツール」を合わせて解説しよう。なお、表示アイコンのデザインは機種によって異なる。

ステータスバーと通知パネルで情報を確認

ステータスバーに表示される情報は2種類ある。主に右側のエリアに表示されるのが、バッテリー残量などの情報と、Wi-Fiやアラームなど現在有効になっている機能を知らせるステータスアイコン。主に左側のエリアに表示されるのが、電話やメールの着信、登録しておいたスケジュール、アプリのアップデートなどをはじめとする、アプリからのさまざまな情報を知らせる通知アイコンだ。ここでは、標準で表示されているものを含め、一般的によく見られるアイコンを紹介。その意味を覚えておこう。

ステータスバーを下へスワイプすることで表示されるのが「通知パネル」。通知アイコンの詳しい内容が個別に表示され、タップして該当アプリを開くことができる。また、通知パネル上部には、Wi-FiやBluetoothなどのオン／オフを素早く行える「クイック設定ツール」の一部が表示されている。展開すれば、画面の明るさ調節をはじめ、さらに多くの機能を利用できる。

ステータスバーに表示される各種アイコン

通知アイコン
電話の着信、メールの受信、アプリのアップデートなどを知らせてくれるアイコン。通知パネルを開いて個別の内容を確認できる。また通知パネルで通知を消去すれば、アイコンも消える。

ステータスアイコン
バッテリー残量、電波状況の他、Wi-Fiやアラームなど有効な機能がアイコン表示される。基本的には、設定を変更しなければ表示された状態のままになる。

覚えておきたい通知アイコン

 着信中／発信中／通話中
電話の着信中、発信中、通話中に表示される。

 不在着信
出られなかった着信がある時に表示。通知パネルから直接電話をかけられる。

 留守番電話&伝言メモ
留守番電話や伝言メモが録音されている状態で表示される。

 新着メール
メールを受信した際に表示。これはGmailアプリの通知アイコン。

 SMS受信
SMS受信時に表示。通知パネルで差出人や内容の一部を確認できる。

 アプリアップデート
アプリのアップデートを通知。標準では自動更新される。

 Googleアシスタント
Googleアシスタントから操作のヒントなど情報が届いた際に表示。

 音楽再生中
音楽を再生中に表示。通知パネルで各種操作が可能。

 Twitter
Twitterなどさまざまなアプリの通知もアイコンで表示される。

その他、アプリごとにさまざまな通知アイコンが表示される。通知アイコンが表示されたら、どのアプリの通知なのかきちんとチェックしよう。

覚えておきたいステータスアイコン

 データ通信の電波状況
接続しているモバイルデータ通信の電波強度を表示。

 Wi-Fi
Wi-Fiに接続中はこのアイコンが表示。電波強度も表示。

Bluetooth
Bluetoothがオンの時、またはBluetooth機器接続中に表示。

機内モード
通信機能をオフにする機内モードがオンになっている時に表示。

マナーモード（バイブ）
着信音が無音でバイブレーションが有効な状態で表示される。

マナーモード（ミュート）
着信音が無音でバイブレーションも無効な状態で表示される。

位置情報サービス
マップなどで位置情報サービスを利用中に表示されるアイコン。

アラーム
標準の「時計」アプリでアラームを設定中に表示されるアイコン。

 Wi-Fiテザリング設定中
Wi-Fiを使ったテザリング機能がオンの際に表示されるアイコン。

 データセーバー
データ通信を抑制できるデータセーバーがオンの際に表示される。

通知パネルとクイック設定ツールの使い方

ステータスバーへ指をあて下へスワイプ

ホーム画面やアプリ利用中にステータスバーから下方向へスワイプすると、通知パネルが引き出され、通知内容が一覧表示される。通知パネルを閉じるには、画面下端から上へスワイプするか、バックキーもしくはパネル外をタップしよう。なお、下へスワイプする際2本指を使うと、直接「クイック設定ツール」を展開できる。

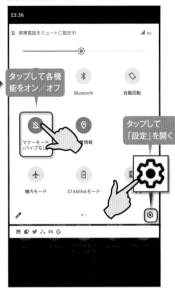

クイック設定ツールで各種機能を素早く操作

通知パネル上部の「クイック設定ツール」では、Wi-FiやBluetoothなどの機能をオン／オフできる。また、下へスワイプして全体を展開すると、さらに多くのボタンや画面の明るさ調整スライダーを表示可能。さらに左へスワイプすると、すべてのボタンを表示できる。

通知の内容を確認、操作できる

通知パネルにそれぞれの通知の内容が表示される。項目をタップすると、該当アプリが起動してさらに詳細な内容を確認したり、さまざまな操作を行える。通知を消すには、各通知項目を左右へスワイプするか、右下のボタンをタップして全消去する。合わせて対応する通知アイコンも消去される。

ツールの変更

鉛筆ボタンや「編集」ボタンをタップすれば、クイック設定ツールのボタンを変更できる。よく使うツールから順に配置しよう。

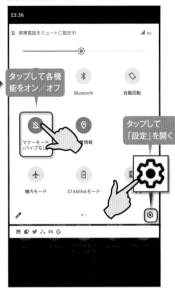

> ステータスバーと通知パネル、クイック設定ツールの操作法

よく見る通知表示や各種操作

不在着信や新着メッセージの確認

コールバック

返信

不在着信やSMS、メールを確認し、通知パネルから折り返すことも可能。メニュー非表示の場合は、「∨」ボタンをタップする。

スヌーズで一定時間後に再度通知させる

左右にスワイプして時計ボタンをタップ。「設定」→「アプリと通知」→「通知の設定」の「詳細設定」で「通知のスヌーズを許可」をオンにしておく必要がある

「1時間」の部分をタップして、再度通知するまでの時間を変更できる

各通知を左右にスワイプして途中で止め、表示された時計ボタンをタップすれば、スヌーズ機能によって一定時間後に再通知できる。

通知パネルで確認、操作できるアプリもある

通知パネルで再生や停止、曲送り／戻しの操作が可能。天気のアプリでは天気や降水確率を確認できるものもある

音楽アプリ使用中は、通知パネルで音楽をコントロールできる。また、天気アプリなど通知パネルで情報を確認できるアプリもある。

POINT 各通知表示から通知設定を開く

通知をロングタップすると設定メニューが表示される

各通知をロングタップすると、そのアプリの通知設定を変更できる。「アラートを受け取る」と「サイレント」で、通知時に音やバイブレーションで知らせるかどうかを選択できる。また、「通知をOFF」では、不要な通知を無効にすることが可能。さらに、右上の歯車ボタンで詳細な通知設定を開くことができる。

スマートフォンの文字入力方法を覚えよう

自分が使いやすいキー配列と入力方式を使おう

　スマートフォンでは、文字入力が可能な画面内をタップすると、自動的に画面下部にソフトウェアキーボードが表示される。キー配列は、使用するキーボードアプリや設定により異なるが、多くの場合は「12キー（テンキー）」と「QWERTYキー」を切り替えて入力することが可能だ。また入力方式も、「トグル入力」「フリック入力」「ローマ字入力」などいくつか種類があるので、基本的な入力方法を覚えておこう。なお、ここでは多くのスマートフォンの標準キーボードアプリである「Gboard」の画面で解説するが、Playストアから「ATOK」など他のキーボードアプリをインストールすれば、切り替えて利用することもできる。

ソフトウェアキーボードの主なキー配列と入力方式

12キー配列タイプ

携帯電話のダイヤルキーとほぼ同じ配列のキーボード。「トグル入力」と「フリック入力」の2つの方法で文字を入力できる。

QWERTYキー配列タイプ

パソコンのキーボードとほぼ同じ配列のキーボード。キーは小さくなるが、パソコンに慣れている人はこちらの方が入力しやすいだろう。

トグル入力

にほ

携帯電話と同様の入力方法で、キーをタップするごとに「あ→い→う→え→お→…」と入力される文字が変わる。

フリック入力

にほ

キーを上下左右にフリックした方向で、入力される文字が変わる。キーをロングタップすれば、フリック方向の文字を確認できる。

ローマ字入力

にほ

「ni」とタップすれば「に」が入力されるなど、パソコンでの入力と同じローマ字かな変換で日本語を入力できる。

Gbordでキー配列を切り替えるには

Gbordの設定を開く

キーボード上部のツールバーにある歯車ボタンをタップしてGboardの設定を開き、「言語」→「キーボードを追加」をタップする。

他のキー配列を追加する

「日本語」をタップし、利用するキー配列にチェックしたら「完了」をタップしよう。ここでは、12キーに加えてQWERTYキーを追加した。

地球儀キーでキー配列を切り替え

キーボードの地球儀キーをタップすると、12キーとQWERTYキーが切り替わる。地球儀キーをロングタップして選択してもよい。

POINT　キーボードアプリ自体を切り替える

キーボードアプリ自体を変更したい場合は、右下のボタンをタップして別の入力方法を選択。例えばAQUOSでは、GboardとS-Shoinを選択できる。

12キー配列での文字入力
(トグル入力／フリック入力)

12キー配列で濁点や句読点を入力する方法や、英数字を入力するのに必要な入力モードの切り替えボタンも覚えておこう。Gboard以外のキーボードアプリも、同様の操作で文字入力できる。

文字を入力する

①入力
文字の入力キー。ロングタップするとキーが拡大表示され、フリック入力の方向も確認できる。
②削除
カーソルの左側にある文字を一字削除する。
③逆トグル／戻すキー
トグル入力時の文字が「う→い→あ」のように逆順で表示される。入力確定後は「戻す」キーとなり、未確定状態に戻すことができる。

濁点や句読点の入力

①濁点／半濁点／小文字
入力した文字に「゛」や「゜」を付けたり、小さい「っ」などの小文字に変換できる。文字入力がない時は地球儀キーに変わり、キー配列を切り替える。
②長音符／波ダッシュ
「わ」行に加え、長音符「ー」と波ダッシュ「〜」もこのキーで入力できる。
③句読点／疑問符／感嘆符
このキーで「、」「。」「?」「!」「…」を入力できる。

文字を変換する

①変換候補
入力した文字の予測変換候補リストが表示される。「∨」をタップするとその他の変換候補を表示できる。
②カーソル
カーソルを左右に移動して、変換する文節を選択できる。
③変換
次の候補に変換する。確定後はスペースキーになる。
④リターン
変換を確定したり改行する。

アルファベットを入力する

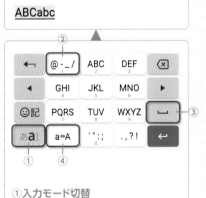

①入力モード切替
タップして「a」に合わせるとアルファベット入力モードになる。
②アットマーク／ハイフンなど
アドレスの入力によく使う記号「@」「-」「_」「/」を入力できる。また各キーとも下フリックで数字を入力できる。
③スペースキー
半角スペース(空白)を入力する。
④大文字／小文字変換
大文字／小文字に変換する。

数字や記号を入力する

①入力モード切替
タップして「1」に合わせると数字入力モードになる。
②数字と記号の入力
タップすると数字を入力できるほか、フリック入力で主要な記号を入力することもできる。

絵文字や記号を入力する

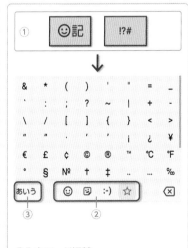

①入力モード切替
絵文字キーや記号キーをタップすると、絵文字や顔文字、記号、ステッカーの入力モードになる。
②記号や絵文字の切替
記号や絵文字の候補に切り替える。
③戻る
元の入力モードに戻る。

QWERTYキー 配列での文字入力

QWERTYキー配列はテンキーと比べー部のキーが変わっている。シフトキーなど特殊なキーもあるので注意しよう。Gboard以外のキーボードアプリも、同様の操作で文字入力できる。

文字を入力する

①入力
文字の入力キー。「KO」で「こ」が入力されるなど、ローマ字かな変換で日本語を入力できる。

②数字の入力
最上段のキーは、上にフリックすることで数字を入力できる。

③削除
カーソル左側の文字を一字削除する。

濁点や句読点の入力

①濁点／半濁点／小文字
「GA」で「が」、「SHA」で「しゃ」など、濁点／半濁点／小文字はローマ字かな変換で入力する。また最初に「L」を付ければ小文字（「LA」で「ぁ」）、同じ子音を連続入力で最初のキーが「っ」に変換される（「TTA」で「った」）。

②長音符
このキーで長音符「ー」を入力できる。

③句読点／疑問符など
下部のキーで「、」「？」「。」などを入力。「。」キーの長押しで感嘆符なども入力できる。

文字を変換する

①変換候補
入力した文字の予測変換候補リストが表示される。「∨」をタップするとその他の変換候補を表示できる。

②変換
次の候補に変換する。確定後はスペースキーになる。

③カーソル
カーソルを左右に移動して、変換する文節を選択できる。

④リターン
変換を確定したり改行する。

アルファベットを入力する

①入力モード切替
タップして「a」に合わせるとアルファベット入力モード。大文字／小文字への変換は、次のシフトキーを利用する。

②スペースキー
半角スペース（空白）を入力する。

③カンマ／ピリオドなど
「,」「.」を入力。「.」キーの長押しで疑問符や感嘆符なども入力できる。

シフトキーの使い方

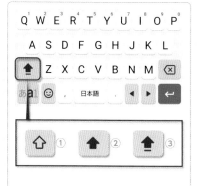

①小文字入力
シフトキーがオフの状態で英字入力すると、小文字で入力される。

②1字のみ大文字入力
シフトキーを1回タップすると、次に入力した英字のみ大文字で入力する。

③常に大文字入力
シフトキーを2回タップすると、シフトキーがオンのまま固定され、常に大文字で英字入力するようになる。もう一度シフトキーをタップすれば解除され、元のオフの状態に戻る。

数字や絵文字などの入力

①数字入力モード切替
タップして「1」に合わせると、数字と主要な記号の入力モードになる。入力画面は12キーと同じ。

②記号や絵文字の切替
絵文字キーや記号キーをタップすると、絵文字や顔文字、記号、ステッカーの入力モードになる。入力画面は12キーと同じ。

入力した文章を編集する

入力した文章を編集するには、まず編集したい箇所にカーソルを移動しよう。文字をダブルタップ（Webブラウザのテキストなどはロングタップ）すれば選択状態になり、上部のメニューで切り取りやコピー、貼り付けができる。文字列の選択範囲は、左右に表示されるカーソルアイコンで調整できる。

カーソルの移動

左右（QWERTYキーでは右下）のカーソルキーをタップするか、文字列内をタップすれば、タップした位置にカーソルが移動する。表示されるカーソルアイコンをドラッグしても移動できる。

メールなどの文字を選択

メールや連絡先の入力画面では、文字をダブルタップすれば選択状態になる。文字の左右に表示されるカーソルアイコンをドラッグすれば、選択する文字列を調整できる。

Webサイトなどのテキストを選択

Webサイトなどの画面では、テキストをロングタップすれば選択状態になる。Chromeの場合、「タップして検索」がオンなら、テキストをダブルタップしても選択状態になる。

文章のコピー／切り取り

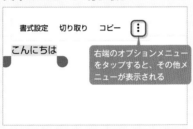

文字を選択状態にすると、編集メニューが文字の上部にポップアップ表示、または画面上部に表示される。アプリによって表示される項目が異なるが、切り取り、コピー、貼り付けなどを利用できる。

文章の貼り付け

切り取り／コピーした文字を貼り付けたい場合は、貼り付ける位置にカーソルを合わせてロングタップ。「貼り付け」ボタンが表示されるので、これをタップして貼り付けよう。

よく使う単語を辞書登録する

よく使うものの標準ではすぐに変換されない固有名詞や、ネットショッピングや手続きで入力が面倒な住所、メールアドレスなどは、ユーザー辞書に登録しておけば素早い入力が可能だ。例えば、「めーる」と入力して自分のメールアドレスに変換できれば、入力の手間が大きく省ける。また、挨拶などの定型文を登録しておくのも便利な使い方だ。

1 ユーザー辞書の登録画面を開く

Gboardの場合、キーボードの歯車ボタンをタップして設定を開き、「単語リスト」→「単語リスト」→「日本語」の「＋」ボタンをタップ。

2 単語と読みを登録する

上の欄に単語（変換したい固有名詞やメールアドレス、住所、定型文など）を入力し、下の「よみ」欄に入力文字（読みなど）を入力する。

3 候補から選択してすばやく入力できる

「よみ」に入力した文字を入力すると、「単語」に登録した文字が変換候補に表示される。これをタップすればすばやく入力できる。

キーボードのその他の機能

キーボードによっては、他にもさまざまな機能が使える。例えばGboardなら、手書きモードや片手モード、クリップボード、翻訳機能まで用意されている。また「Google音声入力」がインストール済みなら、マイクボタンをタップすることで音声入力もできる。欲しい機能がないなら、Playストアから各種機能を備えたキーボードを探して使ってみよう。

1 音声で文字を入力する

ツールバーのマイクボタンをタップすると、「Google音声入力」が起動し、音声で文字を入力できるようになる。

2 手書きで文字を入力する

Gboardのキー配列設定で「手書き」を追加しておくと、手書きでの文字入力が可能になる。タッチペンなどで画面内に文字を入力しよう。

3 片手モードを利用する

Gboardのツールバーで「…」→「片手モード」をタップすると、片手でも入力しやすいように縮小され片側に寄ったレイアウトになる。

はじめにチェック!

まずは覚えておきたい操作&設定ポイント

スマートフォンを本格的に使い始める前にチェックしておきたい設定や、まずは覚えておきたい操作法をひとまとめ。ひと通り確認しておこう。

01 「設定」の場所を確認しておく

アプリ管理画面から起動する

他のアプリ同様、ホーム画面に配置することもできる

設定メニューを検索できる

設定項目の検索も可能

スマートフォン本体の画面や音、通信などに関するすべての設定メニューは、アプリ管理画面（P022で解説）にある「設定」の中にある。設定は、どの機種でも歯車のアイコンで表示される。また、虫眼鏡ボタンをタップして、設定項目をキーワード検索することも可能だ。

02 Androidを最新状態にしておく

アップデートをチェックする

不具合の修正や新機能の追加を行う

スマートフォンの基本ソフトである「Android」は、不具合の修正や新機能の追加などを施したアップデートが時々配信される。基本的には最新状態での利用が推奨されるので、「設定」→「システム」の「ソフトウェア更新」や「システムアップデート」を開き、アップデートを利用可能であれば画面の指示に従って早めに処理しておこう。「最新の状態です」と表示されていれば問題ない。

本体ソフトは更新済みです。最新の状態です。
ソフトウェア更新の詳細やソフトウェア更新関連のサポートは、こちらを参照してください。
https://www.sonymobile.co.jp/support/software/xperia-companion/

「設定」→「システム」の「ソフトウェア更新」や「システムアップデート」を開く。「最新の状態です」と表示されていれば、Android が（この端末で利用できる）最新版に更新済みの状態だ

03 スリープまでの時間を適切に設定する

短すぎると使い勝手が悪い

「画面設定」の「スリープ」で選ぶ

スマートフォンは、一定時間タッチパネル操作を行わないと自動的に画面が消灯しスリープ状態になる。これは無用なバッテリー消費を抑えると共にセキュリティにも配慮した機能だが、すぐにスリープしてしまうと非常に使い勝手が悪い。そこでスリープするまでの時間を、使いやすい長さに変更しよう。「設定」にある画面やディスプレイのメニューを開き、スリープや消灯、タイムアウトの項目で変更できる。

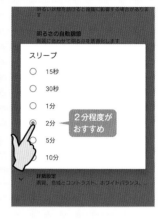

明るい画面を続けると睡眠に影響する場合があります

明るさの自動調節
画面に合わせて明るさを調整します

スリープ
○ 15秒
○ 30秒
○ 1分
● 2分
○ 5分
○ 10分

2分程度がおすすめ

詳細設定
画質、色域とコントラスト、ホワイトバランス、

04 ロック画面のセキュリティを設定する

不正利用されないよう必ず設定しよう

パターンやロックNo.がおすすめ

メールや写真、連絡先などの個人情報が満載のスマートフォン。勝手に使われないよう、画面ロックのセキュリティは必ず設定しておこう。通常、初期設定時でセキュリティ設定も済ませるが、スキップした場合やあらためて設定し直したい時は、「設定」の「セキュリティ」や「ロック画面とセキュリティ」を開き、「画面のロック」をタップ後、「パターン」や「ロックNo.」、「パスワード」を設定する。パスワードが最もセキュリティレベルが高いが入力の手間はかかってしまう。素早くロック解除したいならパターンかPINがオススメだ。指紋認証や顔認証を利用する場合も、これらの画面ロック設定は必須となる。

画面ロックの解除にパターンの入力が必要になった。指紋認証や顔認証を使っていても、再起動後などはここで設定したパターンやロック No. を入力する必要がある

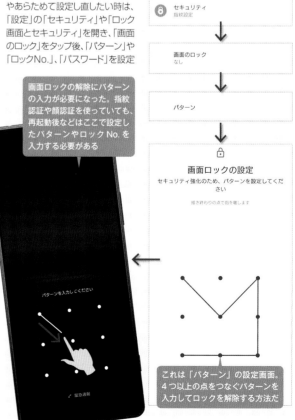

セキュリティ
指紋設定

↓

画面のロック
なし

↓

パターン

↓

画面ロックの設定
セキュリティ強化のため、パターンを設定してください

描き終わりの点で指を離します

パターンを入力してください

緊急通報

これは「パターン」の設定画面。4つ以上の点をつなぐパターンを入力してロックを解除する方法だ

05 スリープ後にロック するまでの時間を設定

電源キーで即座にロックも可能

セキュリティと使い勝手 のバランスをとろう

　左ページではスリープまでの時間を設定したが、スリープした後、ロックがかかるまでの時間も別途設定できる。スリープさせた直後に使用を再開させたい場合は、すぐにロックがかかると面倒だ。「設定」→「セキュリティ」などの「画面のロック」右にある歯車アイコンをタップし、「画面消灯後にロック」などで時間を設定する。安全性重視なら「すぐ」を選択しよう。また、電源キーを押すと同時にロックさせることも可能だ。

「画面消灯後にロック」などをタップして時間を選択。「電源ボタンですぐにロックする」をオンにすれば、電源キーでスリープすると同時にロックがかかる。Galaxyでは「ロック画面」→「安全ロック設定」など、機種によって設定項目が異なる場合もある

06 指紋認証でロックを 解除できるようにする

スリープ解除が劇的にスムーズに

複数の指紋を 登録しておこう

　多くの機種には指紋認証センサーが搭載されており、登録した指紋を読み取ってロックを解除することができる。指紋センサーに指を当てるだけでスリープ状態から即座に起動状態となるので、極めてスムーズにスマートフォンを使い始められる。初期設定で指紋を登録していない場合は、「設定」→「セキュリティ」などで指紋設定

画面を開き、指紋を登録しよう。まず、設定中のロックNo.やパスワードなどを入力し、指示に従って指紋をスキャンする。指紋は複数登録できるので、両手の親指と、卓上に置いたまま起動しやすいよう人差し指を追加しておくのがおすすめだ。なお、指紋認証を有効にしてもロックNo.やパスワード、パターンなどの入力も有効なままなので、セキュリティ強度が向上するわけではない。また、手袋を装着中など指紋認証が使えない場合に備えて顔認証も併用すると完璧だ。

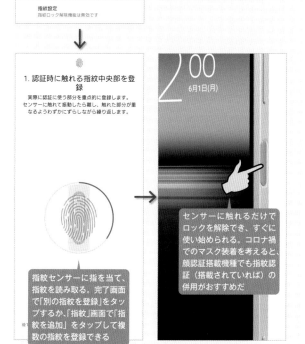

指紋センサーに指を当て、指紋を読み取る。完了画面で「別の指紋を登録」をタップするか、「指紋」画面で「指紋を追加」をタップして複数の指紋を登録できる

07 顔認証でロックを 解除できるようにする

指紋認証と併用がおすすめ

メガネの有無も 問題なく認証する

　顔認証が搭載されている機種では、指紋認証と同時に顔認証も有効にしておくことをおすすめしたい。手袋を使用中で指紋認証を使用できない時や手が汚れていて指紋センサーに触れたくない時、指紋がうまく認識されない時なども、顔認証が有効であればロック解除に手間取ることはない。顔認証は、スリープ中は利用できないため、ひとまず画面を点灯させる必要があるが、スマホを持ち上げると画面点灯する機能を有効にすると

（AQUOS搭載の機能）、持ち上げた時点で点灯し、すぐに顔認証でロック解除可能だ。また、画面点灯と同時に顔認証するか、ロック画面を上へスワイプすることで顔認証を有効にするか、ロック解除のタイミングも選択可能だ。なお、眼鏡の有無程度の違いなら問題なく認証されるが、マスクなどで顔がかくれていると認証されないので注意しよう。

「設定」のセキュリティ関連メニューを開き、「顔認証」をタップ。指示に従って顔を登録しよう。また、持ち上げた時点で画面を点灯する機能もオンにしよう

素早く顔認証を行いたい場合は、「見るだけですぐ」を選んだり、「ロック画面を維持」をオフにするなど、設定に気をつけよう

08 不要なサウンドや バイブをオフにする

操作の音がうるさいならオフに

設定の「音設定」で オン／オフ切り替え

　タッチパネルをタッチした際に音やバイブが作動してわずらわしい場合は、設定ですべて無効にしておこう。「設定」の「音設定」や「サウンドと通知」、「サウンドとバイブ」など、音に関する項目を開き、タップ操作音や画面ロック音、タップ操作時のバイブなど不要な項目のスイッチをオフにする。また、「言語と入力」に関する設定項目で、キーボード操作時の音やバイブも無効にできる。

スイッチをタップしてオフに。このスイッチは、「音設定」内の「詳細設定」にまとまっている場合もある

通知音 Notification	
アラーム音 Xperia	
その他の音とバイブレーション	
ダイヤルキー操作音	
画面ロック音	
充電開始音	
タッチ操作音	
タッチ操作時のバイブレーション タップ、キー操作などの触覚フィードバック	

09 画面の明るさを調整する

明るさの自動調整もチェック

クイック設定ツールで調整できる

　画面が明るすぎる、または暗すぎる場合は、クイック設定ツールのスライダーでいつでも調整できる。また、「設定」の「画面設定」や「ディスプレイ」などで「明るさの自動調節」をオンにすれば、周囲の明るさに合わせて画面が自動調整される。

10 機内モードを利用する

飛行機の出発前にオンにする

すべての通信を無効にする機能

　航空機内など、電波を発する機器の使用を禁止されている場所では、クイック設定ツールで「機内モード」をオンにしよう。モバイルデータ通信やWi-Fi、Bluetoothなどすべての通信が遮断されるので、機内に入ったら必ずオンにする必要がある。また、機内のWi-Fiサービスを利用できる場合は、機内モードをオンにした状態のままで、航空会社の案内に従いWi-Fiをオンにしよう。

11 フォルダを作成してアプリを整理する

アプリを重ねるだけでよい

用途別や使用頻度でうまく整理しよう

　ホーム画面に配置できるアプリ数は決まっているので、増えてきたらフォルダを作ってまとめてしまおう。ジャンル別や使用頻度でアプリを分類きちんと整理すれば、使い勝手もアップする。フォルダの作成方法は簡単で、アプリをドラッグしてフォルダにまとめたい別のアプリ上にドラッグするだけ。アプリのカテゴリ名など、わかりやすいフォルダ名も入力しておこう。

アプリを重ねてフォルダ作成。できたフォルダをタップし、続けて「名前のないフォルダ」をタップしてフォルダ名を入力する

12 Wi-Fiネットワークに接続

パスワードを入力するだけでOK

パスワードを入力して「接続」をタップ

Wi-Fiの基本的な接続方法を確認

　初期設定の際にWi-Fiに接続しておらず、後から設定する場合や、友人宅などでWi-Fiに接続する際は、「設定」→「ネットワークとインターネット」や「接続」→「Wi-Fi」をタップし、続けて接続できるアクセスポイントをタップして、パスワードを入力すればOKだ。一度接続したアクセスポイントには、それ以降基本的には自動で接続される。

13 画面を横向きにして利用する

自動回転オフでも横にできる

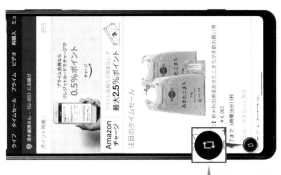

「自動回転」がオフの時、本体を横向きにするとこのボタンが表示される。タップすれば画面が横向きになる

クイック設定ツールにある画面の「自動回転」ボタン。寝転がった際など、画面が勝手に回転してわずらわしい場合はオフにしておこう

Android 9.0以降で使える機能

　スマートフォンは通常縦に持って利用するが、横に持って画面も横向きにすることもできる。クイック設定ツールの「自動回転」ボタンがオンになっていれば、本体の向きに合わせて画面も自動回転し、オフであれば縦向きに固定される。Android 9.0以降では、「自動回転」がオフの状態で本体を横向きにした際、画面右上角に画面の手動回転ボタンが表示される。このボタンをタップすれば、画面を横向きにできるのだ。再び本体を縦に持てば、画面右下に手動回転ボタンが表示され、タップして画面を縦向きに戻すことができる。

14 不必要な通知を無効にする

あらかじめ通知も整理しよう

アプリごとにあらためて見直そう

メールやメッセージの受信をはじめ、各種新着情報を知らせてくれる通知機能。きちんと設定しないと、確認する必要のない通知が頻繁に届いてわずらわしいことも多い。そこで、まずは不必要な通知をあらかじめ無効にしておこう。「設定」→「アプリと通知」や「通知」ですべてのアプリを表示。通知を無効にしたいアプリをタップし、続けて「通知の表示」のスイッチをオフにしよう。

> 「通知の表示」のスイッチをオフにすれば、このアプリの通知が無効になる。アプリによっては、通知内容を選んで、有効／無効を設定することも可能だ

15 通知の動作を詳細に設定する

全体の設定とアプリごとの設定を確認

設定項目はアプリによって異なる

アプリの通知機能を無効にする方法は、ひとつ前のNo14の記事で解説したが、通知はオンとオフを選ぶだけではなく、さらに細かく動作を設定できる。まずスマートフォン全体の設定を行い、さらにアプリごとの設定をチェックしていこう。全体の設定では、ロック画面に通知を表示するかどうかの他、通知ドット（アプリのアイコン右上に表示されるドット）やLED点滅、スヌーズ機能、通知音の種類などを設定できる。アプリの通知設定の内容は、アプリごとに異なる。それぞれチェックして必要な通知機能を有効にしよう。また、「設定」内ではなく、各アプリ内に通知設定を備えるものもあるので、そちらも確認しておくようにしよう。

スマートフォン全体の通知設定を変更

> 「設定」→「アプリと通知」→「通知の設定」を開く。「詳細設定」も開き、各スイッチを必要に応じてオン／オフに設定しよう

アプリごとの通知設定

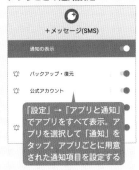

> 「設定」→「アプリと通知」でアプリをすべて表示。アプリを選択して「通知」をタップ。アプリごとに用意された通知項目を設定する

アプリ内の通知設定

> 例えばLINEの場合、設定内の「通知」でかなり詳細な通知項目を設定可能だ

16 マルチウィンドウ機能で2つのアプリを同時利用

最近使用したアプリの履歴から起動

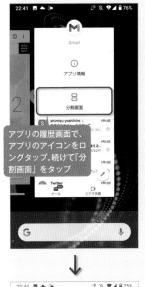

> アプリの履歴画面で、アプリのアイコンをロングタップ。続けて「分割画面」をタップ

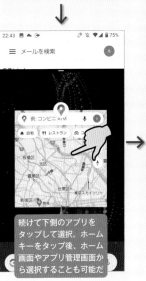

> 続けて下側のアプリをタップして選択。ホームキーをタップ後、ホーム画面やアプリ管理画面から選択することも可能だ

画面を2分割してマルチタスクを実現

画面を2分割して別々のアプリを同時に利用できる「マルチウィンドウ」機能。利用するにはまず画面下端から上へスワイプして途中で止めるか、アプリ履歴ボタンをタップしてアプリの使用履歴画面を表示する。続けて、履歴の各画面上部にあるアプリアイコンをロングタップしよう。表示されたメニューで「分割画面」をタップすると、そのアプリが分割画面の上側に表示される。その後、下側に表示したいアプリを選択すればよい。

> 画面が2分割された。本体を横向きにして左右分割で利用することもできる。仕切り線を端までドラッグすれば分割画面を解除できる

17 着信音や通知音の音量を調節する

音量キーを押した後ボタンをタップ

> 「着信音と通知音の音量」のスライダーを操作する

音量キーで直接操作はできない

電話の着信音やメールなどの通知音の音量は、本体側面の音量キーでは操作できない。音量を操作するには、まず音量キーを押した際に表示されるスライダー下のボタンをタップしよう。すると画面下に各種音量を個別に操作できるパネルが表示されるので、「着信音と通知音の音量」のスライダーを調整すればよい。通話音量やアラームの音量もここで調整できる。

18 スマートフォンで電話をかける

「電話」アプリを起動しよう

電話番号を入力して電話をかける場合は、このボタンや「キーパッド」をタップ

連絡先

メッセージを送信

03-6380-6132

1	2 ABC	3 DEF
4 GHI	5 JKL	6 MNO
7 PQRS	8 TUV	9 WXYZ
*	0	#

タップして発信

受話器のアイコンのアプリをタップ

　スマートフォンで電話をかけるには、ホーム画面にある「電話」アプリを利用する（ない場合は、アプリ管理画面から追加しておこう）。起動して「ダイヤル」ボタンをタップし番号を入力、続けて緑の受話器ボタンを押せば電話をかけることができる。通話を終了する時は、赤い受話器ボタンをタップする。電話アプリの各種機能や詳しい操作法、便利な使い方は、P038以降で解説している。

19 かかってきた電話を受ける方法

使用中とロック中で操作が異なる

操作中画面なら通知をタップするだけ

　スマートフォンにかかってきた電話を受ける方法は2つある。ホーム画面やアプリ使用中なら、画面上部にバナーで通知が表示されるので、「電話に出る」をタップする。スリープ中やロック画面では、全画面で着信画面が表示され、受話器ボタンを上へスワイプして電話に出る。通話を終了する際は、赤い受話器ボタンをタップすればよい。詳しい操作法は、P038以降で解説している。

ホーム画面やアプリ使用中

青山 はるか
通話着信

拒否　　電話に出る

タップ

01.40
1月14日木曜日

スリープ中やロック画面

上へスワイプ

20 かかってきた電話の着信音を即座に消す

音量キーを押すだけでOK

音量キーの上下どちらかを押せば、着信音がすぐに消える

マナーモードを設定しわすれた時に

　電車内や会議中などにかかってきた電話に焦ってうまく対処できない時がある。そんな時は、音量キーの上下どちらかを押して着信音を消そう。音が消えるだけで着信状態は継続されるので、落ち着いて応答、拒否、SMSで返信などの操作を行える。留守番電話サービスや伝言メモを設定している場合は、そのまましばらく待っていれば自動的に機能が実行される。

21 紛失、盗難対策を設定しておく

「デバイスを探す」機能をオンに

ネットで端末を捜索できる機能

　スマートフォンの紛失、盗難に備えて「デバイスを探す」機能を設定しておこう。まず「設定」→「位置情報」で「位置情報の使用」がオンになっていることを確認。次に「設定」→「セキュリティ」で、「デバイスを探す」をタップ。スイッチをONにしておこう。紛失時は、マップで端末の現在地を確認したり、情報漏洩を防止することができる（P095で詳しく解説）。

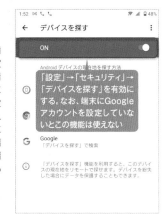

1:52
← デバイスを探す

ON

Android デバイスの現在地を探す方法

「設定」→「セキュリティ」→「デバイスを探す」を有効にする。なお、端末にGoogleアカウントを設定していないとこの機能は使えない

Google
「デバイスを探す」で検索

「デバイスを探す」機能を利用すると、このデバイスの現在地をリモートで探せます。デバイスを紛失した場合にデータを保護することもできます。

22 アプリのロングタップメニューを利用する

アプリごとに表示メニューは異なる

便利なショートカットにアクセスできる

　ホーム画面やアプリ管理画面でアプリをロングタップすると、メニューが表示され、さまざまな操作をショートカットで素早く行える。例えばGmailの場合は「作成」（新規メール作成）、カメラでは「インカメラ」、YouTubeでは「検索」など、メニューの内容はアプリによって異なる。また、メニューの項目をホーム画面にドラッグすれば、ショートカットアイコンが作成され、ワンタップで利用可能になる。

ロングタップしてさまざまなメニューを利用できる

インカメラ

手鏡

23 パソコンからファイルを転送する

「ファイルを転送する」を選択

ドラッグ&ドロップでファイルをコピーしよう

　パソコンからスマートフォン本体へファイルを転送したい場合、Windowsなら画面ロックを解除した端末とパソコンをUSBケーブルで接続し、確認画面で「許可」や「はい」などをタップすればよい。Cドライブなどと並んで端末名が表示されるので、ダブルクリックで内部を表示。ドラッグ&ドロップでファイルをコピーしよう。右のようなメニューが表示される場合は、「ファイルを転送する」などを選択する。なお、Macの場合は、「Android

File Transfer」というソフトが必要。https://www.android.com/filetransferからMacへソフトをインストールしよう。

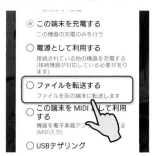

この端末を充電する
この機器の充電のみを行う

電源として利用する
接続されている他の機器を充電する（接続機器が対応している必要があります）

ファイルを転送する
ファイルを別の端末に転送します

この端末を MIDI して利用する
機器を電子楽器アプリ（MIDI入力）

USBテザリング

24 スマートフォンで写真を撮る

シャッターをタップするだけ

カメラアプリを起動しよう

スマートフォンで写真を撮る操作はとても簡単だ。「カメラ」アプリを起動し、被写体にレンズを向ける。基本的にはピントも自動で合うので、後は大きく表示されたシャッターボタンをタップするだけだ。「カシャッ」と小さくシャッター音が聞こえれば撮影が完了。写真データは「フォト」アプリなどで確認できる。カメラには多彩な機能が搭載されているので、P062以降の記事で確認しよう。

シャッターをタップするだけで撮影できる

25 アプリをインストールするための基本操作

無料アプリならすぐに利用可能

Playストアでアプリを手に入れる

初期設定時にGoogleアカウントを登録していれば、すぐにアプリをインストールして利用することができる。ただし有料アプリをインストールするには、支払い情報の設定などが必要なので、P056以降の記事で確認しよう。ここでは無料アプリのインストール方法を紹介する。アプリは「Playストア」で検索し、スマートフォンへインストールする。Playストアを起動すると、おすすめのアプリや話題のアプリ紹介画面が表示されるので、気になるものをタップしてインストールしてもよいし、目的のアプリがある場合は、画面上部の検索ボックスでキーワード検索しよう。インストールしたいアプリが決まったら、詳細画面で「インストール」をタップするだけだ。

❶Playストアを起動する

タップ

❷アプリを検索する

カテゴリやランキング、キーワード検索でアプリを検索する

❸アプリをインストール

欲しいアプリをタップし、続けて「インストール」をタップ

❹アプリを利用する

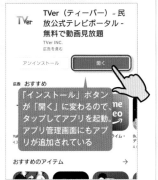

「インストール」ボタンが「開く」に変わるので、タップしてアプリを起動。アプリ管理画面にもアプリが追加されている

26 画面に表示される文字サイズを変更する

数段階で大きさを選択

見やすさと情報量のバランスを取ろう

スマートフォンに表示される文字のサイズは、「設定」の「画面設定」や「ディスプレイ」にある、「フォントサイズ」などで数段階から選択できる。文字が小さくて読みにくいなら大きく、画面内の情報量を増やしたい場合は小さくしよう。なお、画面設定にある「表示サイズ」では、文字以外の要素の表示サイズも変更できる。フォントサイズと合わせて、自分の見やすいサイズに変更しよう。

いていて、だれもかれもが緑色の服を着て、肌の色も緑がかっていました。みんなドロシーとその奇妙な寄せ集めの仲間たちに不思議そうな目を向け、子どもたちはライオンを見るなり、逃げ出してお母さんの後ろに隠れてしまいましたが、誰一人として話しかけてくる人はいませんでした。通りにはお店がたくさんあって、ドロシーはそこで売られている品物も緑色をしていることに気づきました。キャンディーも、ポップコーンも、靴も、帽子も、服もみんな緑色でした。男の人が売っている緑色のレモネードを子どもたちが買うときに出したお金も緑色だったことにドロシーは気づきました。

馬などの動物はいないようでした。荷物は小さな緑色の手押し車で自分たちで運んでいました。み

プレビュー

左右にドラッグしてサイズを変更

大

A ——————— A

画面上のテキストのサイズを

27 画面のスクリーンショットを保存する

電源キーと音量下キーを同時に押す

通常の写真同様アルバムに保存

表示中の画面をそのまま画像として保存するには、電源キーと音量下キーを同時に1〜2秒程度押せば良い。カメラで撮影した写真同様、「アルバム」アプリに保存され、メールに添付したりSNSに投稿することができる。オススメのアプリを紹介する際などに利用しよう。なお、動画配信サービスの動画再生中画面など、スクリーンショットを保存できない画面もあるので注意しよう。

同時に2秒程度押す。Galaxyでは長押しではなく素早く同時押しする

28 アプリが持つオプション機能を利用する

オプションメニューボタンをタップ

設定やその他の機能を呼び出す

多くのアプリの画面右上や右下に備わっている「オプションメニューボタン」。タップしてさまざまなオプション機能やアプリの設定を呼び出せるボタンだ。ほとんどのアプリのオプションメニューボタンは、3つのドットとして表示されている。目当ての操作項目が見当たらない時は、まずはこのボタンをタップしてみよう。例えばChromeでは、新しいタブの作成やブックマークの保存、設定などを利用できる。

オプションメニューボタンをタップして機能や設定を呼び出す

29 Googleアシスタント を活用しよう

情報検索からアプリ操作までおまかせ

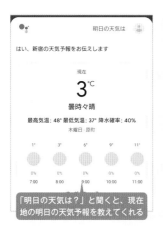

「明日の天気は？」と聞くと、現在地の明日の天気予報を教えてくれる

多彩に活躍する 自分専用の秘書機能

　ちょっとした調べ物から予定の管理、アプリの操作まで、さまざまな内容を音声で指示できる「Googleアシスタント」。画面下の左右どちらかの角から画面中央へ向けてスワイプして起動できる。ホームボタンがある場合は、ロングタップして起動しよう。「明日の天気は？」や「ここから一番近いコンビニは？」といった情報検索から、アプリの操作まで多彩な指示を実行してくれる。

30 「OK Google」機能を 利用できるようにする

スリープ中でも音声で利用可能

「Voice Match」機能 を設定する

　前述の「Googleアシスタント」をよく利用するなら、ぜひ「Voice Match」機能を有効にしておこう。テレビCMでもお馴染みの「OK Google」というフレーズを発するだけで、Googleアシスタントが起動するようになる便利な機能だ。ハンズフリーで利用できるため、料理中など手が離せない時に活用したい。ホーム画面はもちろん、アプリ利用中やスリープ中でも起動可能だ。

「設定」→「Google」→「アカウントサービス」→「検索、アシスタントと音声」→「音声」→「Voice Match」で「Ok Google」をオンに。指示に従い自分の声を登録する

31 microSDカードで 使えるメモリを増やす

容量不足の心配がなくなる

既存のデータを 移すこともできる

　本体搭載のメモリで足りないようなら、microSDカードを利用しよう。ほぼ全ての機種がmicroSD／microSDHC／microSDXCカードに対応している（対応容量は公式サイトなどを参照）。電源を切り、本体側面のカバーを開けトレーを引き出し、microSDカードをセットして電源を入れよう。通知パネルに「SDカード」が表示されれば利用可能。端末内のデータをSDカードへ転送できるようになる。

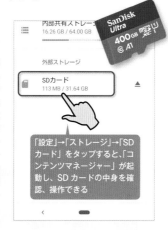

「設定」→「ストレージ」→「SDカード」をタップすると、「コンテンツマネージャー」が起動し、SDカードの中身を確認、操作できる

32 Googleへのバックアップ 機能を有効にしておく

復元や機種変更をスムーズに

このスイッチをオンに

Googleドライブへ 保存される

　スマートフォンの不具合による端末初期化や、機種変更時に備えて、データのバックアップ機能を有効にしておこう。「設定」→「Google」→「バックアップ」で、「Googleドライブへのバックアップ」のスイッチをオンにしておけば、アプリとアプリのデータや通話履歴、連絡先、端末の設定、SMSが定期的にGoogleドライブへ自動バックアップされ、復元が可能となる。

33 ホーム画面やロック画面 の壁紙を変更する

撮影した写真も設定できる

まずはホーム画面 をロングタップ

　ホーム画面やロック画面の壁紙（背景）は好みの画像に変更することができる。まずはホーム画面の何もない箇所をロングタップし、表示されたメニューの「壁紙」をタップしよう。あらかじめ端末に用意されている画像から選んでもよいし、「フォト」などをタップして自分で撮影した写真やネットで見つけたフリー画像などを選んでもよい。最後に「壁紙を設定」をタップすれば完了だ。

壁紙を選択。ホーム画面とロック画面で別の画像を選択できる場合もある

34 指紋センサーを ホームキーとして利用

バックキーや履歴キーとしても使える

スイッチをオンにする

AQUOSで使える 便利な設定

　画面下に指紋センサーを備えたAQUOSでは、指紋センサーをホームキーとして利用できる。また、バックキーや履歴キーの機能を持たせることも可能だ。「設定」→「AQUOS便利機能」→「指紋センサー」→「ホームキーとして使う」をオンにしよう。また、必要に応じて「ジェスチャーも使う」や「長押しも使う」もオンにしよう。

Section 2
主要アプリ操作ガイド

本体やホーム画面の基本操作を覚えたら、電話やGmail、
マップなどの最もよく使う主要なアプリの使い方をマスターしよう。

P038 電話
P042 連絡先
P044 メールとメッセージ
P052 Chrome
P056 Playストア（アプリのインストール）
P060 ホーム画面とウィジェット
P062 カメラ
P064 フォト

P066 YouTube Music
P068 マップ
P070 カレンダー
P072 LINE
P074 YouTube
P075 その他のアプリ
P076 設定

電話

アプリで電話を受ける・かける

電話アプリのさまざまな機能を使いこなそう

　スマートフォンで電話をかけるには、ドックに配置されている電話アプリを利用する。機種やAndroidのバージョン、キャリアによって画面が異なる場合もあるが、電話をかける、受ける、連絡先から電話をかける、発着信履歴を確認する、SMSで応答拒否メッセージを送る、といった基本的な操作はほぼ共通している。通話中には、音声をスピーカー出力したり、ミュート機能で消音できるほか、通話しながら他のアプリを自由に操作することも可能だ。また、留守番電話サービスを契約しなくても、無料で使える「伝言メモ」機能で、伝言メッセージを録音・再生することができる。

● **連絡先を検索する**
連絡先をキーワード検索できる。

● **電話番号を直接入力する**
キーパッドボタンをタップすると、ダイヤルキーが表示される。電話番号を入力して発信ボタンをタップすれば電話をかけられる。

● **下部のメニュー**
下部の「クイックアクセス」画面では、よく電話する相手の連絡先が自動で表示されるほか、お気に入りに登録した連絡先も表示される。「通話履歴」画面では、発着信履歴が一覧表示され、タップしてすぐに電話をかけ直せる。「連絡先」画面は連絡先を一覧表示し、連絡先内の電話番号をタップすることで発信できる。

✔ 使い始め
POINT!

電話番号を入力して電話をかける

1 電話アプリをタップして起動する

まずはホーム画面最下部のドックに配置されている、電話アプリをタップして起動しよう。

2 ダイヤル入力画面を開く

電話アプリによって異なるが、「ダイヤル」タブを開いたり、キーパッドボタンなどをタップすると、ダイヤル入力画面に切り替わる。

3 電話番号を入力して発信ボタンをタップする

入力した番号を取り消す

090-0000-0000

タップして発信

ダイヤルキーで電話番号を入力したら、下部の発信ボタンをタップ。入力した番号に電話をかけられる。

4 通話終了ボタンをタップして通話を終える

青山 はるか
00:06

ミュート　キーパッド　スピーカー
通話を追加　保留

タップして通話終了

通話中画面の機能と操作はP040で解説する。通話を終える場合は、下部にある赤い通話終了ボタンをタップすればよい。

連絡先から電話をかける／通話履歴から電話をかける

1 電話アプリから連絡先画面を開く

電話帳（P042で解説）に登録済みの友人知人に電話をかけたい場合は、電話アプリの下部メニューで「連絡先」画面を開こう。

2 連絡先の詳細を開いて電話番号をタップ

連絡先の詳細画面で、電話番号や電話ボタンをタップすれば、電話をかけることができる。また星マークをタップするとよく使う連絡先に登録され、クイックアクセス画面からすばやく電話をかけられる。

3 通話履歴から電話をかける

通話履歴画面を開くと、最近の通話履歴が一覧表示される。この履歴をタップして電話発信することも可能だ。

電
話

かかってきた電話を受ける／拒否する

1 ロック画面で電話に応答または拒否する

スリープ中やロック画面で着信した場合は、応答ボタンを上にスワイプすれば電話に出られる。電話に出られない時は下にスワイプしよう。

2 スマートフォン使用中に応答または拒否する

スマートフォンを使用中に電話がかかってきた場合は、上部に通知が表示されるので、「電話に出る」をタップして応答しよう。電話に出られないなら「拒否」をタップ。

3 電話に出られない状況をメッセージで伝える

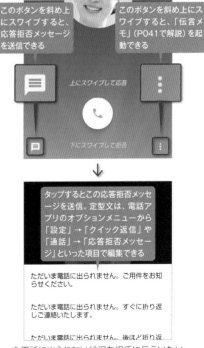

今電話に出られない状況を相手に伝えいたい場合は、着信画面の左下にあるメッセージボタンを斜め上方向にスワイプし、定型文をタップして送信しよう。

通話中に利用できる主な機能

1 / 通話中にダイヤルキーを入力する

> 宅配便の再配達サービスや各種サポートセンターなど、通話中にキー入力を求められた際にキーパッドを表示して、数字キーをタップしよう

音声ガイダンスなどでプッシュボタンの操作を求められた場合は、キーパッドボタンをタップすればダイヤルキーが表示される。

2 / 音声をスピーカーに出力する

タップ

本体を机などに置いてハンズフリーで通話したい場合は、「スピーカー」をタップしよう。通話相手の声がスピーカーで出力される。

/ 自分の声が相手に聞こえないように消音する

タップ

自分がしゃべっている声を一時的に相手に聞かせたくない場合は、「ミュート」をタップしよう。マイクがオフになり相手に音声が届かなくなる。保留とは異なり相手の音声は聞くことができる。

---

3 / 通話の追加と通話の保留

タップして通話を追加

タップして通話を保留

「通話を追加」で通話中に他の人に電話をかけることができる。「保留」で通話を保留・再開できる。これらの機能の利用には、オプションサービスの契約が必要。

4 / 通話中でも他のアプリを自由に操作できる

通話継続中のアイコン

タップすれば「電話」画面に戻る

通話中でもホーム画面に戻ったり、他のアプリを起動して利用できる。通知パネルを開いて通話中の表示をタップすれば、元の電話（ダイヤル）画面に戻る。

\ 使いこなしヒント /

キャリアごとに利用できるサービスや機能は異なる

ビデオコール

キャリアの違いや有料サービスの契約状況によって、通話中に利用できる機能は異なる。たとえばdocomo版であれば、通話中の画面に「ビデオコール」ボタンが用意されており、契約不要で利用できる。タップすれば相手と高品質なビデオ通話を行うことが可能だ。ただし、通話できるのはdocomoのVoLTE対応機種同士に限られる。

キャリアの留守番電話サービスを利用する

留守番電話と伝言メモの違いを理解して使い分けよう

　留守番電話サービスを使うには、各キャリアで有料のオプション契約が必要となるが、スマートフォンにはもうひとつ、無料で伝言メッセージを録音できる「伝言メモ」機能も用意されている。キャリアの留守番電話サービスと違って、圏外や電源が切れた状態ではメッセージが録音されないが、メッセージを端末内に保存するため保存期間の制限がなく、伝言メッセージの再生に通話料もかからないといったメリットがある。

キャリアの留守番電話サービスを利用するには、有料のオプション契約が必要。それぞれのサポートページから申し込みを済ませよう。

留守番電話メッセージを確認する方法

録音された伝言を再生するには、1417（SoftBankは1416）に発信する。機種によっては、「1」をロングタップして留守番電話サービスに発信することもできる。

伝言メモ（簡易留守録）機能でメッセージを録音・再生する

1 伝言メモ機能を有効にする

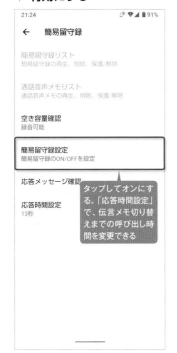

タップしてオンにする。「応答時間設定」で、伝言メモ切り替えまでの呼び出し時間を変更できる

電話アプリのオプションメニューから「設定」→「通話」→「通話音声・伝言メモ」や「簡易留守録」という項目をタップし、機能をオンにしておこう。

2 伝言メモでメッセージが録音される

電話の呼び出し中に設定した応答時間が経過すると、伝言メモが起動し、伝言メッセージの録音が開始される。録音できる時間は1件あたり最大60分。

3 録音された伝言メモを再生するには

録音された伝言メモは、電話アプリのオプションメニューから「設定」→「通話」→「通話音声・伝言メモ」や「簡易留守録」を開き、リストを開くと確認・再生できる。

電話帳

電話番号やメールアドレスを管理する

連絡先の保存先はGoogleアカウントに統一しておこう

スマートフォンの連絡先は、標準の「電話帳」や「連絡帳」、「連絡先」アプリで管理しよう。作成した連絡先はGoogleアカウントに保存されるので、他のスマートフォンやiPhoneに機種変更した際も、同じGoogleアカウントを追加するだけで連絡先を簡単に移行できる。ただしdocomo端末の場合、標準の電話帳アプリが「ドコモ電話帳」になっている事がある。ドコモ電話帳で連絡先を作成すると、連絡先がdocomoアカウントに保存されてしまい、キャリアをdocomo以外に変更した際の連絡先移行が面倒だ。連絡先はすべてGoogleアカウントに保存するように、設定を変更しておこう。

● ドコモ電話帳の保存先を変更しておこう

ドコモ電話帳で新規連絡先を作成すると、保存先がdocomoアカウントになってしまうので、Googleアカウントに保存するように変更しておこう。ドコモ電話帳の左上にある三本線ボタンをタップしてメニューを開き、「設定」→「新しい連絡先のデフォルトアカウント」をタップ。連絡先を保存したいGoogleアカウントを選択しておけばよい。Googleアカウントに保存しておくことで、docomo以外の機種に変更した際も簡単に連絡先を移行できるようになる。

使い始め **POINT!**

ドコモ電話帳で連絡先を作成するときに、保存先が「docomo」になっている場合は、標準の保存先をGoogleアカウントに変更しておくのがおすすめだ

左上の三本線ボタンでメニューを開き、「設定」→「新しい連絡先のデフォルトアカウント」をタップ。連絡先を標準で保存したいGoogleアカウントを選択する

新しい連絡先を作成する

1 「+」ボタンをタップする

電話帳アプリを起動すると、登録済みの連絡先が一覧表示される。新しい連絡先を作成するには、右下の「+」ボタンをタップ。

2 連絡先の内容を入力して保存

名前やよみがな、電話番号、メールアドレスなどを入力していこう。「その他の項目」でラベルなども設定しておける。入力が終わったら「保存」をタップ。

3 サイドメニューでラベルや設定を確認

左上の三本線ボタンでサイドメニューが開く。ラベルごとに連絡先を表示したり、「設定」でデフォルトの保存先や表示する連絡先を変更できる。

作成した連絡先を編集したり削除する

1 連絡先を開いて 編集モードにする

連絡先の内容を変更したい時は、変更したい連絡先をタップして詳細画面を開く。続けて右上の鉛筆ボタンをタップし、編集モードにしよう。

2 連絡先の内容を 修正して保存

電話番号を追加したり、住所を修正するなど、連絡先の内容を変更できるようになる。編集を終えたら、右上の「保存」をタップして編集を完了しよう。

3 不要な連絡先を 削除する

連絡先を開いて右上のオプションメニューボタンをタップし、「削除」をタップするとこの連絡先を削除できる。「着信音」で、この連絡先からかかってきた電話の着信音を個別に設定可能。

連絡先を新しい機種に移行する

1 Googleアカウントの 連絡先は自動で同期

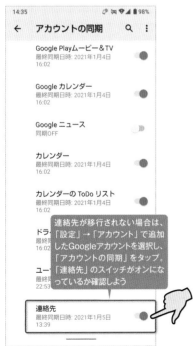

連絡先をGoogleアカウントに保存していれば、機種変更した際も同じGoogleアカウントを追加するだけで、連絡先が同期されて自動的に元の連絡先が復元される。

2 本体などに保存された 連絡先をバックアップ

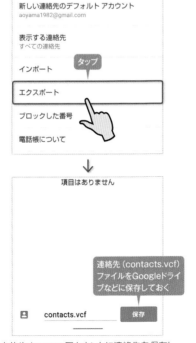

本体やdocomoアカウントに連絡先を保存している場合は、電話帳アプリのメニューから「設定」→「エクスポート」をタップし、Googleドライブなどにバックアップしておく。

3 本体などに保存された 連絡先を移行する

新しい機種で電話帳アプリのメニューから「設定」→「インポート」をタップし、バックアップしておいた連絡先を選択すると、連絡先を移行できる。

メールとメッセージ

メールとメッセージの種類と使い方を知ろう

メールはGmailアプリで まとめて管理しよう

スマートフォンには複数のメールアプリやメッセージアプリが用意されているが、基本的にメールのやり取りは「Gmail」アプリを使うのがおすすめだ。Gmailアドレスを使う場合はもちろん、自宅や会社のプロバイダメールを送受信する場合でも、Gmailアプリで管理したほうが何かと便利。特に、P047の手順に従って自宅や会社のメールを「Gmailアカウント」に設定しておけば、同じGoogleアカウントを使うだけでいつでも同じ状態のメールを確認でき、Gmailの強力な機能も適用できる。そのほか、キャリアメールやSMSをやり取りするには、次ページで紹介している専用アプリを使おう。

使い始め POINT! ①
メールの送受信は Gmailアプリが おすすめ

メールの管理は、基本的に「Gmail」アプリに任せよう。特におすすめの使い方は、自宅や会社のメールを「Googleアカウント」に追加し、いったんGmailのサーバを経由して送受信する方法。Webブラウザでの操作が必要になるが、一度設定を済ませてしまえば、他のスマートフォンやiPhone、パソコンでも、同じGoogleアカウントでログインしてGmailアプリを起動するだけで、いつでも同じ状態のメールボックスを確認できるようになる。

使い始め POINT! ②
Gmailって どんなメールサービス?

Gmailとは、Googleが提供する無料のメールサービスだ。Googleアカウント（P012）を作成すれば、GoogleアカウントがそのままGmailのメールアドレスになる。Gmailには右にまとめたように便利な機能がいろいろあるが、やはりもっとも便利なのは、他のデバイスとの同期が簡単という点だろう。他のスマートフォンでもiPhoneでもパソコンでも、同じGoogleアカウントでログインするだけで、同じメールを読むことができ、受信トレイや送信済みトレイも同じ状態に同期される。

Gmailのメールアドレスは?

aoyama1982@gmail.com

Googleアカウント=Gmailアドレス

Googleアカウントが、そのままGmailアドレスになる。つまり普通にスマートフォンにGoogleアカウントを追加して使っていれば、誰でもGmailを利用できる。

Gmailのココが便利!

さまざまな機器と同期できる
スマートフォン、タブレット、iPhone、パソコンなどさまざまな機器で、同じGoogleアカウントを使うだけで、同じメールを読むことができる。

メールはクラウドに保存される
メールや設定はすべてインターネット上に保存されているので、端末側でのバックアップなどは不要。どのデバイスからアクセスしても、常に最新の状態で同じ受信メール、送信済みメールをチェックできる。

無料で15GBも利用できる
GoogleドライブやGoogleフォトと共通の容量になるが、無料で15GBも使えるので、メールの保存容量はほぼ気にする必要がない。昔のメールを消さずにずっと残しておける。

メールの検索機能や分類機能が強力
ピンポイントでメールを探し出せる検索機能のほか、迷惑メールの排除やカテゴリラベルへの自動振り分けなど、分類機能も強力だ。

Webブラウザで簡単に利用できる
元々がWebサービスなので、パソコンのWebブラウザでhttps://mail.google.com/にアクセスしGoogleアカウントでログインすれば、メールのチェックや送受信をはじめとする全ての機能を利用できる。いざというときにネットカフェや知人のパソコンでメールをやり取りすることも簡単だ。

✓ 使い始め POINT! ③ Gmailアプリで 自宅や会社のメールを送受信する方法

こちらが オススメ

方法1

Gmailアプリに自宅や 会社メールを設定
➡ P046

自宅や会社のメールを単に「Gmail」アプリで送受信するだけなら、アプリ単体で簡単に設定できる。ただしこの方法だと、他のスマホなどでGmailアプリを使う場合に自宅や会社のメールは同期されず、ラベルやフィルタといった便利な機能も適用できない。

設定方法
Gmailアプリの「設定」でアドレスを追加

全般設定

aoyama1982@gmail.com

アカウントを追加する

方法2

Gmailアカウントに自宅や会社メールを設定
➡ P047

［方法1］と違い、自宅や会社のメールを「Gmailアカウント」（＝Googleアカウント）自体に設定した場合は、同じGoogleアカウントを使ったスマートフォンやiPhone、パソコンで、まったく同じ状態の受信トレイ、送信トレイを同期して利用できる。また、ラベルとフィルタを組み合わせたメール自動振り分けや、ほとんどの迷惑メールを防止できる迷惑メールフィルタ、メールの内容をある程度判断して受信トレイに振り分けるカテゴリタブ機能など、Gmailが備える強力なメール振り分け機能も、自宅や会社のメールに適用することが可能だ。

設定方法
Web版Gmailで設定
https://mail.google.com/
Web版のGmailサイトへパソコンかスマートフォンなどのWebブラウザアプリでアクセスする。ブラウザアプリの場合は、オプションメニューで「PC版サイトを閲覧」にチェックを入れておく。アクセスしたら右上の歯車ボタンから設定を開き、以降はP047の手順で作業する。

✓ 使い始め POINT! ④

キャリアメールを送受信したい
➡ キャリアメールアプリを使う

キャリアメールは、基本的にキャリアごとに用意された専用メールアプリを使って送受信する。詳しい設定方法は、各キャリアのサポートページで確認しよう。

ドコモ メール
ドコモメール（@docomo.ne.jp）を送受信するには、このメールアプリを使う。メールアドレスは、機種変更なら以前のアドレスのまま使える。新規契約時は、docomo ID設定時にランダムな英数字で発行されるので、アプリの設定メニューから好きなアドレスに変更しよう。

auメール
auメール（@ezweb.ne.jp／@au.com）を送受信するには、このメールアプリを使う。こちらも機種変更なら以前のメールアドレスを利用でき、新規契約時はアプリの設定メニューから好きなアドレスに変更して利用する。

＋メッセージ
ソフトバンクのみ、S!メール（@softbank.ne.jp）の送受信にも「＋メッセージ」アプリを利用する。同じく機種変更ならアドレスは以前のままでOK。新規契約時は、「My SoftBank」の「メール設定」で好きなアドレスに変更できる。

✓ 使い始め POINT! ⑤

メッセージ（SMS）を送受信したい
➡ ＋メッセージアプリを使う

電話番号宛てにメッセージを送るには、「＋（プラス）メッセージ」アプリを使おう。相手も＋メッセージアプリを使っていると、無料で全角2,730文字までのテキストや、最大100MBまでの写真や動画を送信できるほか、LINEのようにスタンプも利用できる。iOS版アプリもあるので、相手がiPhoneでも無料でメッセージのやり取りが可能だ。なお、＋メッセージを使っていない電話番号宛てには、SMSで送信することになる。SMSで送信できるのは全角670文字までのテキストに限られ、文字数に応じて1回あたり3円〜30円の送信料がかかる。auとSoftBankは、同じキャリア宛てなら無料でSMSを送信できるプランもある。

● ＋メッセージでできること

- ● 電話番号を宛先に送信できる
- ● 全角2,730文字まで送受信可能
- ● 写真、動画、音声、スタンプに対応
- ● 一度に添付できるデータは最大100MBまで
- ● 複数人によるグループメッセージに対応
- ● 相手が＋メッセージを使っていない場合は、SMSまたはMMSで送受信

Gmailアプリに自宅や会社のアドレスを設定して送受信

1 Gmailアプリのメニューで 「設定」をタップ

Gmailアプリを起動してメニューを開き、下の方にある「設定」をタップ。

2 「アカウントを追加」を タップする

Gmailの設定画面が開くので、「アカウントを追加」をタップしよう。

3 「その他」を タップする

メールのセットアップ画面が表示されるので、一番下の「その他」をタップする。

4 自宅や会社のメール アドレスを入力する

追加したい自宅や会社のメールアドレスを入力して「次へ」をタップ。

5 「個人用 (POP3)」を タップする

アカウントの種類を選択する。通常は「個人用 (POP3)」をタップすればよい。

6 自宅や会社のパスワードを 入力する

自宅や会社のメールのパスワードを入力して「次へ」をタップ。

7 受信用の POP3サーバーを設定

プロバイダや会社から指定されている、受信サーバー (POP3サーバー) の設定を入力して「次へ」をタップ。

8 送信用の SMTPサーバーを設定

続けて、プロバイダや会社から指定されている、送信サーバー (SMTPサーバー) の設定を入力して「次へ」をタップ。

9 同期スケジュールなどを 設定する

「同期頻度」で新着メールを何分間隔で確認するかを設定。他に着信や同期の有無にチェックして「次へ」で設定完了。

10 追加したアカウントに 切り替える

右上のアカウントボタンをタップすると、追加した自宅や会社のアカウントに切り替えできる。

\ 使いこなしヒント /

キャリアメールをGmail アプリで送受信するには

ドコモメール(docomo.ne.jp)

ドコモメールは、他のアプリで送受信するためのIMAP設定が「その他のメールアプリからのご利用」(https://www.nttdocomo.co.jp/service/docomo_mail/other/) で公開されている。手順5で「個人用 (IMAP)」をタップし設定を進めれば、Gmailアプリでも利用可能だ。また、「ドコモメール (ブラウザ版)」でWebブラウザからも利用できる。

auメール(ezweb.ne.jp/＠au.com)

auメールは、他のアプリで送受信するためのIMAP設定が「その他のアプリにauメールを設定する」(https://www.au.com/mobile/service/email/other/) で解説されているので、説明に従って設定しよう。また、「Webメール」でWebブラウザからも利用できる。

S!メール(softbank.ne.jp)

S!メールは携帯専用なので、Gmailアプリでは送受信できない。有料の「S!メール (MMS) どこでもアクセス」を契約すれば、Webブラウザから利用することは可能だ。

Gmailアカウントに自宅や会社のアドレスを設定

1 / Gmailにアクセスして設定を開く

WebブラウザでWeb版のGmailにアクセスしたら、歯車ボタンをクリックして「すべての設定を表示」を開き、「アカウントとインポート」タブの「メールアカウントを追加する」をクリック。

2 / Gmailで受信したいメールアドレスを入力

別ウィンドウでメールアカウントを追加するウィザードが開く。Gmailで受信したいメールアドレスを入力し、「次へ」をクリック。

3 / 「他のアカウントから〜」にチェックして「次へ」

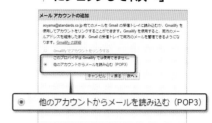

追加するアドレスがYahoo、AOL、Outlook、Hotmailなどであれば、Gmailify機能で簡単にリンクできるが、その他のアドレスは「他のアカウントから〜」にチェックして「次へ」をクリック。

4 / 受信用のPOP3サーバーを設定する

POP3サーバー名やユーザー名／パスワードを入力して「アカウントを追加」。「〜ラベルを付ける」にチェックしておくと、あとでアカウントごとのメール整理が簡単だ。

5 / 送信元アドレスとして追加するか選択

このアカウントを送信元にも使いたい場合は、「はい」にチェックしたまま「次へ」。後からでも「設定」→「アカウントとインポート」→「他のメールアドレスを追加」で変更できる。

6 / 送信元アドレスの表示名などを入力

「はい」を選択した場合、送信元アドレスとして使った場合の差出人名を入力して「次のステップ」をクリック。

7 / 送信用のSMTPサーバーを設定する

↓

追加した送信元アドレスでメールを送信する際に使う、SMTPサーバの設定を入力して「アカウントを追加」をクリックすると、アカウントを認証するための確認メールが送信され、確認コードの入力欄が表示される。

8 / 確認メールで認証を済ませて設定完了

ここまでの設定が問題なければ、確認メールがGmail宛てに届く。「確認コード」の数字を入力欄に入力するか、または「下記のリンクをクリックして〜」をクリックすれば、認証が済み設定完了。

9 / Gmailで会社や自宅のメールを管理

自宅や会社のメールをGmailでまとめて受信できるようになった。手順4で「ラベルを付ける」にチェックしていれば、追加したアカウントのラベルで、自宅や会社のメールのみ確認できる。

Gmailアプリで新規メールを作成して送信する

1 新たに送信する メールを作成する

Gmailアプリを起動すると、受信トレイが表示される。新規メールを作成するには、画面右下の新規作成ボタンをタップしよう。

2 メールの宛先 を入力する

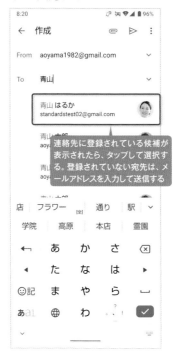

連絡先に登録されている候補が表示されたら、タップして選択する。登録されていない宛先は、メールアドレスを入力して送信する

Gmailに連絡先へのアクセスを許可しておけば、「To」欄にメールアドレスや名前の入力を始めた時点で、連絡帳内の宛先候補がポップアップ表示されるので、これをタップする。

3 件名や本文を入力し メールを送信する

タップして送信

件名や本文を入力し、上部の送信ボタンをタップすれば送信できる。作成途中で受信トレイなどに戻った場合は、自動的に「下書き」ラベルに保存される。

Gmailアプリで受信したメールを読む／返信する

1 受信トレイで 読みたいメールを開く

タップ

受信トレイでは、未読メールの送信元や件名が黒い太字で表示される。既読メールは文字がグレーになる。読みたいメールをタップしよう。

2 メールの返信や 転送を行う

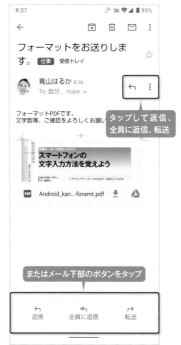

タップして返信、全員に返信、転送

またはメール下部のボタンをタップ

メールの本文が表示される。返信や全員に返信、転送は、メール最下部のボタンか、送信者欄の右のボタンやオプションメニューで行える。

3 元のメッセージを 引用する

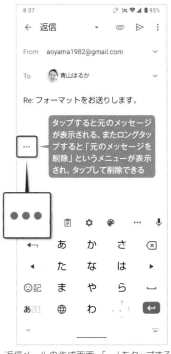

タップすると元のメッセージが表示される。またロングタップすると「元のメッセージを削除」というメニューが表示され、タップして削除できる

返信メールの作成画面。「…」をタップすると元のメッセージを表示し引用できる。また「…」のロングタップで元のメッセージの削除が可能。

Gmailアプリのその他覚えておきたい操作や機能

複数のメールをまとめて操作する

左からアーカイブ、削除、既読／未読の切り替え、その他のメニュー

アイコンをタップして複数メールを選択

各メールの左端にあるアイコン部分をタップすると選択モードになり、続けて別のメールのアイコンをタップすれば複数選択できる。上部メニューで、アーカイブや削除が行える。

既読メールをアーカイブして整理する

既読メールはアーカイブする（受信トレイから消す）ことで、受信トレイを整理できる。アーカイブしたメールは「すべてのメール」トレイで確認できる。

メールにファイルを添付する

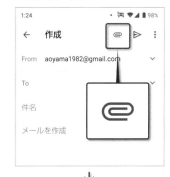

↓

メール作成画面のクリップボタンをタップすると、端末内のファイルや、Googleドライブ内のファイルを添付して送信できる。

宛先にCc／Bcc欄を追加する

タップ

↓

複数の相手にCcやBccで送信したい場合は、「To」欄右端の下矢印をタップすれば、To、Cc、Bcc欄が個別に開いてアドレスを入力できる。

送信元アドレスを変更する

タップ

↓

自宅や会社のメールを追加している場合は、そのアドレスかGmailアドレスのどちらを送信元にするか選択できる

複数のメールアカウントを追加している場合は、メール作成時に送信者名をタップすると、送信元アドレスを他のアカウントに変更できる。

添付されたファイルを開き保存する

添付ファイルをタップすれば、開くアプリを選択できる。またGoogleドライブボタンをタップすれば、Googleドライブに保存できる。

ラベル機能でGmailのメールを整理する

1 パソコンのWebブラウザでGmailにアクセス

GmailのラベルはWeb版のGmailで作成する必要がある。WebブラウザでGmailにアクセスしたら、歯車ボタンのメニューから「すべての設定を表示」をクリックし、「ラベル」タブで「新しいラベルを作成」をクリック。

2 新規ラベルを作成する

「仕事」「プライベート」など、メールを分類するラベルを作成しておこう。親ラベルを選択して、下位の子ラベルとして設定することも可能だ。

3 メールにラベルを付けて整理するには

Gmailアプリでメールにラベルを設定するには、まずメールを開いて、オプションメニューボタン→「ラベルを変更」をタップしよう。

4 メールに付けたいラベルを選択する

あらかじめ作成しておいたラベルが一覧表示されるので、このメールに設定したいラベルにチェックすればよい。なおラベルは、ChromeでGmail（https://mail.google.com/）へアクセスしても設定できる。ただし、PC版サイト閲覧の設定をオンにしておく必要がある（P054で解説）。

フィルタ機能でGmailを自動振り分けする

1 振り分けたいメールを開く

フィルタもWeb版Gmailでしか設定できない。自動で振り分けたいメールを開いて、上部の3つのドットボタンから「メールの自動振り分け設定」をクリックしよう。

2 フィルタ条件を設定する

振り分け条件の設定画面が開く。メールの送信元アドレスや、件名などを条件に指定して、「この検索条件でフィルタを作成」をクリック。

3 フィルタの処理内容を設定する

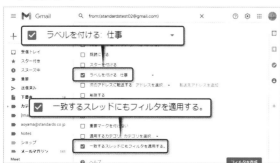

処理内容を設定する。「ラベルを付ける」にチェックし、自動で付けるラベルを指定しよう。「一致する〜」にチェックで過去のメールにも適用できる。

4 条件に合うメールが自動で振り分けられる

特定の相手からのメールに「仕事」ラベルを付けるなど、フィルタ条件に合うメールが、設定した処理内容に従って自動で振り分けられる。

主要アプリ操作ガイド
SECTION 2

＋メッセージアプリでメッセージやスタンプを送受信する

1 新規作成ボタンをタップする

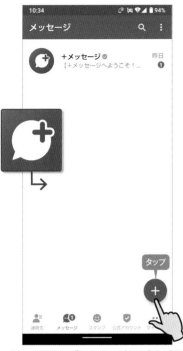

各キャリアとも、「＋メッセージ」アプリは最初からインストールされている。アプリを起動し、各種アクセス権限などの設定を済ませたら、右下の「＋」ボタンをタップしよう。

2 新しいメッセージをタップする

「新しいメッセージ」をタップしよう。複数人でグループメッセージを行いたい場合は、「新しいグループメッセージ」をタップし、複数の連絡先を選択していけば良い。

3 連絡先一覧から送信相手を選択する

連絡先一覧から送信相手を選択。＋メッセージのアイコンが表示されている電話番号（iPhoneも含む）は、＋メッセージで送信できる。＋メッセージを使っていない電話番号宛てには、SMSで送信することになる。

4 メッセージを入力して送信する

「メッセージを入力」欄にメッセージ本文を入力し、送信ボタンをタップすれば、メッセージが送信される。

5 画像やスタンプを送信するには

「メッセージを入力」欄左端の「＋」ボタンをタップするとメニューが表示され、画像や動画、音声、スタンプ、位置情報などを送信できる。

6 SMSでメッセージを送信するには

「＋メッセージ」を使っていない相手の電話番号にメッセージを送る際は、自動的にSMSで送信され、メッセージにも「SMS」と表示される。「＋メッセージ」を利用中の相手にあえてSMSで送信したい場合は、メッセージ画面の右上の「i」ボタンをタップし、「SMSに切替」をオンにすればよい。

Chrome

Webサイトを自由自在に閲覧してみよう

Googleアカウントでログインするだけでリアルタイム同期

　スマートフォンには、Google製の「Chrome」が標準Webブラウザとして搭載されている。Chromeにはさまざまな機能が備わっているが、なかでも便利なのが、Googleアカウントで他のデバイスと簡単に同期できる点。パソコン版、Android版、iOS版のChromeで、それぞれ同じGoogleアカウントでログインするだけで、各デバイスで開いているタブやブックマーク、履歴などを相互に利用できる。特にタブの同期は便利で、他のデバイスで開いたタブがリアルタイムで反映されるため、直前までパソコンで閲覧していたページを、すぐにスマートフォンで開き直すといった使い方が可能だ。

● URL表示とキーワード検索
画面上部には現在のページのURLが表示される。タップしてキーワードを入力すれば、Google検索が可能だ。URLを直接入力してもアクセスできる。

● タブの切り替え
このボタンをタップすると、現在開いているタブが一覧表示され、表示を切り替えできる。ボタン内の数字は、開いているタブの数。

● オプションメニュー
右上のオプションメニューボタンで、新規タブの作成、ブックマーク、最近使ったタブ、履歴、ページ内検索、設定などを利用できる。

✓ 使い始め POINT!

Chromeの基本操作

1 URLか検索キーワードを入力してサイトを開く

URLか検索キーワードを入力

画面上部のURL欄が表示されない時は、画面を少し下にスワイプしてみよう

画面上部のURL欄をタップして、検索キーワードを入力すればGoogleでのWebページ検索が行われる。URLを直接入力することも可能だ。

2 ページの「戻る」と「進む」の操作を覚えよう

オプションメニューから「→」をタップして次のページに進む

下部のナビゲーションバーにバックキーが表示されているなら、バックキーをタップして前のページに戻る。表示されていないなら、画面の右端または左端を画面中央に向けてスワイプし、「<」マークが表示されたら指を離すと前のページに戻る

バックキーをタップするか、前のページに戻りたい時は左か右の画面端を中央に向けてスワイプ。先のページに進みたい時はオプションメニューボタンから操作しよう。

3 ピンチイン／アウトで表示の拡大縮小

ピンチイン／アウトで表示の縮小／拡大を行う

ピンチイン／アウト操作で表示の縮小／拡大が可能だ。ただし、Webサイトによってはピンチイン／アウト操作を受け付けないものもある。

タブの切り替え／タブの管理

1 / 新しいタブを開く

新しいタブを開くには、オプションメニューから「新しいタブ」をタップ。または、リンクをロングタップして「新しいタブで開く」をタップする。

2 / 開いている他のタブに切り替える

アドレス入力欄の隣にあるタブボタンをタップすると、現在開いているタブが一覧表示され、タップして表示を切り替えることができる。

3 / 不要なタブを閉じる

不要なタブは「×」をタップするか、左右にスワイプで閉じることができる。右上のオプションメニューを開いて、「すべてのタブを閉じる」でまとめて閉じることも可能。

ブックマークを利用する

1 / ブックマークを登録する

オプションメニューを開いて「☆」をタップすると、表示中のページをブックマークに登録できる。登録したブックマーク一覧を開くには、「ブックマーク」をタップ。

2 / 他のデバイスで登録したブックマークを開く

ChromeにGoogleアカウントでログインしておけば、同じGoogleアカウントでログインしているパソコンやタブレット、iPhoneのChromeのブックマークも利用できる。

3 / ブックマークを編集、削除する

ブックマークのひとつをロングタップすると選択モードになり、上部のボタンで編集やフォルダ移動、削除を行える。ブックマーク名右端のオプションメニューからでも編集や削除が可能。

ページ内検索／画像の保存

1 / 表示中のページ内を キーワード検索する

表示中のページ内から、特定の文字列をキーワード検索するには、まずオプションメニューボタンから「ページ内検索」をタップする。

2 / キーワードが ハイライト表示される

キーワードを入力

前／次の一致テキストに移動

検索欄にキーワードを入力すれば、ページ内で一致するテキストがハイライト表示される。右側のバー表示で一致したテキストの位置も分かるようになっている。

/ ページ内の画像を 端末内に保存する

保存したい画像をロングタップ

タップ

Webページ内の画像をロングタップして、表示されたメニューで「画像をダウンロード」をタップすれば、画像が「Download」フォルダに保存される。

PC版サイトの表示／ページの共有

1 / サイト表示をパソコン 向けに切り替える

スマートフォン向けの表示は、軽快で操作しやすい反面、メニューや情報が省略されていることも多い。「PC版サイト」をタップすれば、パソコンと同じページを表示することができる

オプションメニューの「PC版サイト」を選択すれば、Webサイトの表示をスマートフォン向けの表示からパソコン向けの表示に切り替えることができる。

2 / 画面がパソコン 向けの表示に切り替わる

スマホ向け表示

パソコン向け表示

例えば、「Yahoo! Japan」の場合、パソコンで見慣れたページデザインで表示される。好みに応じて好きな方を使おう。なお、表示が切り替わらないサイトもある。

/ 現在開いているページを 他のアプリで共有する

タップ

URLをメールで送信したり、SNSに投稿したりできる

現在表示しているページのURLを他のアプリで共有したい場合は、オプションメニューから「共有」をタップすればいい。

最近使ったタブ／履歴の確認

1 最近使ったタブや 履歴をチェック

右上のオプションメニューから、「最近使ったタブ」や「履歴」をタップすれば、開いているタブや閲覧履歴を確認できる。

2 この端末や他の端末で 開いているタブを確認

「最近使ったタブ」では、この端末で最近閉じたタブのほか、同じGoogleアカウントでログインしていれば、他のデバイスのChromeで開いているタブも表示される。

3 他の端末の 履歴もまとめて確認

「履歴」では、この端末の閲覧履歴のほか、Googleアカウントでログインしていれば、他のデバイスのChrome閲覧履歴もあわせて確認できる。履歴データの削除も可能だ。

シークレットタブ／パスワードの管理

シークレットタブで 履歴を残さず閲覧する

オプションメニューで「新しいシークレットタブ」をタップすると、シークレットタブが開き、閲覧履歴やCookieを残さずにWebページを閲覧できる。

1 Chromeにログイン パスワードを保存する

オプションメニューボタンから「設定」→「パスワード」を開き、「パスワードの保存」をオンにすれば、Chromeで一度ログインしたWebサービスのパスワードを保存し、自動ログインが可能になる。

2 パスワードの 確認と削除

パスワードが保存されたサイトとアカウントは「パスワード」欄に表示され、タップするとパスワードを確認できる（画面ロックの解除が必要）。パスワードの個別削除も可能。

Playストア（アプリのインストール）

Googleのストアからアプリやコンテンツを入手する

あらゆるジャンルの便利アプリが見つかる

スマートフォンで使うさまざまなアプリは、Google公式のオンラインストア「Playストア」から入手できる。標準インストールされている「Playストア」アプリを起動して、欲しいアプリを探し出そう。アプリは無料でも十分高機能で実用的なものが多いので、まずは無料アプリを試してみるのがおすすめだ。有料アプリを購入する場合は、支払い方法の登録が必要となる。クレジットカード以外に、通信会社への支払いに合算する「キャリア決済」や、コンビニなどで買える「Google Playギフトカード」などで支払うことが可能だ。またPlayストアでは、アプリのほかに映画や電子書籍なども購入できる。

サイドメニューの使い方

Playストアを起動して検索ボックス左のボタン（三本線アイコン）をタップすると、サイドメニューを利用できる。ボタンの表示されない画面では、画面左端から右方向へスワイプすればサイドメニューが表示される。

サイドメニューでは、これまでインストールしたアプリを一覧したり、定期購入の確認や解約を行ったり、ほしいものリストの利用や登録した支払い方法および購入履歴の確認などを行える。Playストアの設定もここから開く。

使い始め POINT!

使いたいアプリを見つけ出す

1 「アプリ」や「ゲーム」画面を開く

Playストアアプリを起動し、アプリを探すなら下部のメニューの「アプリ」画面を、ゲームを探すなら「ゲーム」画面を開こう。

2 ランキングやカテゴリから探す

人気のアプリは、上部の「ランキング」タブで無料や有料、急上昇などのランキングから探せる。カテゴリ別に探したいなら、「カテゴリ」タブでジャンルを選択しよう。

3 キーワード検索でアプリを探す

複数のワードで絞り込もう。また、英語で検索すると別の優良アプリが見つかることもあるので試してみよう

画面上部の検索ボックスをタップすると、キーワードでアプリを検索できる。「カメラ　加工　無料」など具体的な言葉で絞り込もう。

4 アプリの詳細な内容や評価をチェックする

オプションメニューボタンから「ほしいものリストに追加」をタップすると、サイドメニューの「ほしいものリスト」に追加されいつでも確認できる（有料アプリのみ）

説明文の「詳細」をタップして更新日やサイズも確認。ユーザーレビューや「類似のアプリ」もチェックしよう

アプリを選んでタップし、内容を表示。特に有料アプリは入念にチェックしよう。目安として、ダウンロード数と評価点（5点満点）の両方高いものが優れたアプリだ。

無料アプリをインストールする

1 アプリの詳細画面で「インストール」をタップ

内容や評価をひと通りチェックし、特に問題がないようであれば詳細画面で「インストール」をタップしよう。

2 インストールが完了したらアプリを開く

インストールが完了すると、「開く」と「アンインストール」ボタンが表示される。「開く」をタップしてアプリを起動しよう。

3 ホーム画面やアプリ管理画面にもアプリが追加

ホーム画面やアプリ管理画面にも、インストールしたアプリが追加されているので、確認しておこう。

有料アプリをインストールする

1 アプリ詳細画面で価格表示部分をタップ

アプリ詳細画面で価格表示部分をタップしよう。すでに支払い情報の登録を済ませているなら、手順5に進んでアプリの購入を行う。

2 支払い情報が未登録の場合

支払い情報が未登録の場合は、このような画面が表示されて情報の追加を求められる。アプリの購入に使う決済方法を選択しよう。

3 クレジットカードやキャリア決済を使う

クレジットカードで支払う場合は「カードを追加」をタップし、指示に従ってカード番号や使用期限を登録する。キャリア決済で通信料金と合算して支払う場合は「○○○の決済を利用」をタップ。

4 / Googleのプリペイド カードで支払いを行う場合

> コードを入力するか、「ギフトカードのスキャン」をタップしてバーコードをスキャンする

「コードの利用」をタップすれば、コンビニなどで購入できる「Google Playギフトカード」を支払いに利用できる。カード裏面を削ると現れるコードを入力するか、「ギフトカードのスキャン」でバーコードをスキャンすると、ギフトカードの金額がGoogleアカウントにチャージされアプリを購入できるようになる。

5 / 「購入」をタップ してアプリを購入

> タップ

支払い方法を登録後、表示される「購入」ボタンをタップすればインストールが開始される。続いてパスワードの入力を求められるが、設定で「生体認証」をオンにしておけば、今後は顔や指紋などの生体認証でアプリを購入できるようになる（P059で解説）。

6 / インストールが完了 したらアプリを開く

> タップして起動。「払い戻し」に関しては下記で解説

インストールが完了したら、無料アプリと同様に「開く」をタップすればアプリを起動できる。ホーム画面やアプリ管理画面にも、インストールしたアプリが追加されているので、確認しておこう。「払い戻し」ボタンについては、下記で解説する。

支払い方法の変更やアプリの払い戻し

1 / 支払い方法を 変更する

一度支払い方法を登録すれば、次からもその方法で支払われる。購入時に支払い方法が表示されるので確認しよう。また、別の支払い方法を使いたい場合は、購入画面の支払い方法欄をタップすれば、他の支払い方法を選択したり、新しく支払方法を追加することが可能だ。

2 / サイドメニューで支払い方法 を確認、追加、削除する

サイドメニューの「お支払い方法」で各種支払い方法を追加登録できる。また、「お支払いに関するその他の設定」では、支払い情報の削除も行える。

3 / 購入したアプリの 払い戻し方法

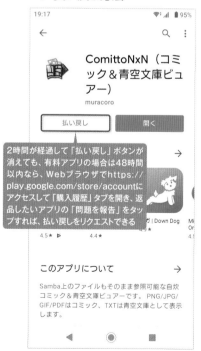

> 2時間が経過して「払い戻し」ボタンが消えても、有料アプリの場合は48時間以内なら、Webブラウザでhttps://play.google.com/store/accountにアクセスして「購入履歴」タブを開き、返品したいアプリの「問題を報告」をタップすれば、払い戻しをリクエストできる

購入した有料アプリは、2時間以内なら払い戻し可能だ。購入後に表示される「払い戻し」ボタンをタップするだけで返金され、Gmailにキャンセルの明細が届く。

Playストアの各種機能を利用する

これまでに入手した アプリを一覧表示

「インストール済み」には、使用中の端末にインストールされているアプリのみ表示される

サイドメニューの「マイアプリ&ゲーム」では、使用中のGoogleアカウントでこれまでにインストールしたアプリを一覧表示できる。「アップデート」ではアップデートが配信中のアプリ、「インストール済み」では端末にインストールしているアプリ、「ライブラリ」ではインストール済みを除く全アプリが表示される。もちろん別端末で購入したアプリも、無料で再インストール可能だ。

アプリ購入時の認証も 生体認証で行う

ロック解除用に顔や指紋を登録していれば、「生体認証」をタップし、Googleアカウントのパスワードを入力するだけでOK

サイドメニューの「設定」で「生体認証」をオンにすると、Playストアでの購入時の認証も顔や指紋で行えるようになる。認証の手間がかからないので、同じく「設定」の「購入時には認証を必要とする」で「このデバイスでGoogle Playから購入するときは常に」を選び、購入ごとに認証を求めるよう設定しておこう。なお、キャリア決済では、生体認証を利用できない。

アプリの自動更新 に関する設定

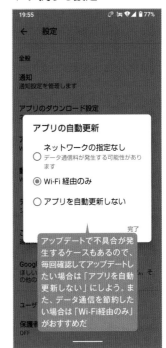

アップデートで不具合が発生するケースもあるので、毎回確認してアップデートしたい場合は「アプリを自動更新しない」にしよう。また、データ通信を節約したい場合は「Wi-Fi経由のみ」がおすすめだ

アプリのアップデートが配信された際、自動で更新するかどうかは、サイドメニューの「設定」→「アプリの自動更新」で設定できる。

Playストアで映画や電子書籍を購入する

1 Playストアで映画を 購入（レンタル）する

レンタルの期限は30日。また、再生を開始すると48時間以内に視聴しなければならない

トップ画面で「映画&TV」をタップ。映画やテレビ番組を選び、「購入」もしくは「レンタル」をタップする。購入オプションで画質を選択後、アプリと同じように支払い処理を進めよう。続けて「見る」をタップすれば、「Playムービー&TV」アプリが起動し、再生が開始される。

2 購入（レンタル）した映画 を再生する

このボタンをタップしてダウンロード。サイズが大きいのでWi-Fiを利用しよう

購入（レンタル）した映画やテレビ番組は、最初からGoogleフォルダにインストールされている「Playムービー&TV」のライブラリに自動で追加され、ストリーミングで楽しめる。オフラインで再生したい場合は、あらかじめダウンロードしておこう。

Playストアで電子書籍 を購入する

タップして購入。「無料サンプル」で内容の一部を試し読みできる

トップ画面で「書籍」をタップすると、電子書籍を購入できる。無料タイトルもあるのでチェックしてみよう。購入した電子書籍は、「Playブックス」アプリ（インストールが促される）で楽しもう。

ホーム画面とウィジェット

ホーム画面を使いやすくカスタマイズしてみよう

「ホームアプリ」の変更で
ホーム画面の見た目が変わる

　スマートフォンのホーム画面は、使用する「ホームアプリ」によってデザインや機能が異なる。例えばAQUOSシリーズの場合は、AQUOS独自のホームアプリとして「AQUOS HOME」と「AQUOSかんたんホーム」の2種類が用意されているほか、docomo版は独自のホームアプリを選択することもできる。ホームアプリによって操作法も異なるが、ホーム画面の設定や編集、ウィジェットの追加方法などはある程度共通している。まずは基本的な操作方法を覚え、その上で使いやすいホームアプリを選ぼう。なお、ここでは、「AQUOS HOME」アプリを用いて記事を作成している。

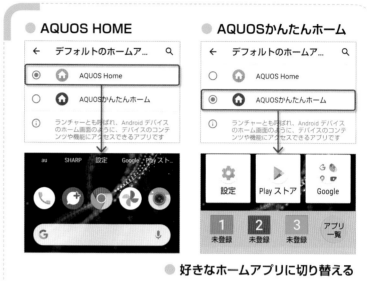

使い始め
POINT!

好きなホームアプリに切り替える

スマートフォンのホームアプリは、「設定」の「ホーム切替」や「ホームアプリ」といった項目で切り替えることができる。

ホーム画面を編集する

1 新しいホーム画面を追加する

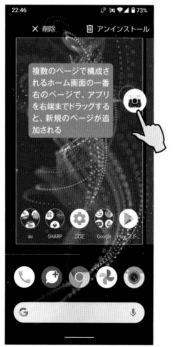

適当なアプリをロングタップして、そのまま右端までドラッグすれば、新しいページが追加されてアプリを配置できる。

2 ホーム画面の編集モードを開く

ホーム画面の何もない場所をロングタップすると編集モードが開き、壁紙の変更やウィジェットの配置を行える。機種によっては、ページの入れ替えも可能だ。

3 ホーム画面の設定を変更する

編集モードで「ホームの設定」をタップすると、ホーム画面の設定が開く。ホームアプリによってさまざまな機能が用意されているので確認しておこう。

ホーム／ロック画面の壁紙を変更する

1 | ホーム画面の編集モードで「壁紙」をタップ

ホーム画面やロック画面の壁紙を変更するには、ホーム画面の何もない場所をロングタップして編集モードにし、「壁紙」をタップする。

2 | 壁紙にする画像を選択する

最初から内蔵されているプリセット壁紙のほか、「フォト」アプリなどから自分で撮影した写真や保存した画像を壁紙に設定することもできる。好きな画像を選ぼう。

3 | ホーム／ロック画面どちらに設定するか選択

壁紙を選んで「壁紙に設定」をタップ。壁紙をホーム画面、ロック画面、ホーム画面とロック画面両方のどれに設定するか選択すれば、新しい壁紙が反映される。

ホーム画面にウィジェットを追加する

1 | ホーム画面の編集モードで「ウィジェット」をタップ

Android端末ではホーム画面に、時計や天気予報など、さまざまな情報を表示できるパネル状のツール「ウィジェット」を配置できる。まずホーム画面の何もない場所をロングタップし、「ウィジェット」をタップ。

2 | ウィジェットを選んでロングタップする

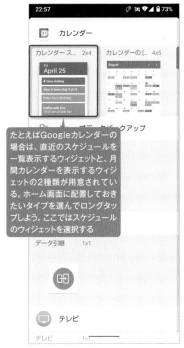

ウィジェットが用意されているアプリが一覧表示されるので、ホーム画面に配置したいウィジェットをロングタップしよう。

3 | ウィジェットをホーム画面に配置する

そのままウィジェットをホーム画面にドロップすれば配置できる。また配置したウィジェットをロングタップすれば、サイズの変更や削除が可能だ。

カメラ

カメラアプリの基本的な操作を押さえよう

機種によって標準で用意されているカメラアプリは異なるが、ここでは、AQUOS R5Gの「カメラ」を例に解説する。他にもPlayストアでは、特徴的な機能を備えたカメラアプリが多数公開されているので、自分で使いやすいものを探してみるのもいいだろう。もちろん細かな操作はそれぞれで違うが、画面内をタップしてピントを合わせ、シャッターボタンをタップして撮影するという基本操作はどれも同じだ。写真やビデオの解像度変更、位置情報の付加なども、ほとんどのカメラアプリで設定できる。撮影した写真やビデオは、「フォト」アプリ（P064）で管理しよう。

● 撮影した写真の保存場所

スマートフォンとパソコンをUSB接続したら、表示される「USBの使用」画面で「ファイル転送」を選択すれば、パソコンからアクセス可能になる。

スマートフォンのカメラで撮影した写真は、基本的に内部ストレージやSDカードの「DCIM」フォルダに保存されている。USB接続してパソコンに写真を取り出す場合は、このフォルダにアクセスしよう。

内部ストレージやSDカードの「DCIM」→「Camera」や「100SHARP」といったフォルダを開くと、撮影した写真やビデオが保存されている。

✓ 使い始め
POINT!

カメラアプリで写真や動画を撮影する

1 / カメラで写真を撮影する

基本的には自動でピントが合う。目的の被写体にうまくピントが合わない場合は、画面内のピントを合わせたい場所をタップ

タップして撮影

画面内タップでピントと露出を合わせ、下部のシャッターボタンをタップして撮影。音量ボタンを押してもシャッターを切れる。

2 / カメラで動画を撮影する

00:14

タップして録画停止

タップして録画中に写真撮影

シャッターボタンの下部メニューを「ビデオ」に合わせて、録画ボタンをタップすれば動画撮影が開始される。録画中はシャッターボタンで静止画の撮影もできる。

3 / ピンチ操作でズームイン／アウト

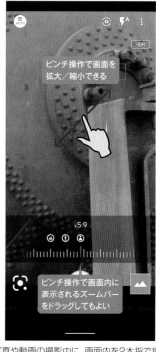

ピンチ操作で画面を拡大／縮小できる

×5.9

ピンチ操作で画面内に表示されるズームバーをドラッグしてもよい

写真や動画の撮影中に、画面内を2本指で押し広げるとズームイン、つまむように操作するとズームアウトする。

主要アプリ操作ガイド
SECTION 2

カメラアプリのその他の機能と設定

1 直前に撮影した写真や動画を確認する

シャッターボタン横のサムネイル画像をタップすると、直前に撮影した写真や動画をプレビュー表示することができる。

2 撮影モードを切り替える

撮影モードを変更できる機種なら、「AUTO」や「モード」といったボタンをタップ。マニュアルモードや、シーン別のモードに切り替えて撮影できる。

3 フロントカメラに切り替える

上部のカメラ切り替えボタンをタップすると、メインカメラとフロントカメラを切り替えることができる。

4 フラッシュのオン／オフを切り替える

上部のフラッシュボタンで、フラッシュのオン／オフ／オートを切り替える。機種によっては、撮影前から常時点灯させるモードもある。

5 スロービデオを撮影する

「スローモーション」モードが搭載された機種なら、動画の一部をスローで再生する動画を撮影できる。スロー再生する箇所は、フォトアプリの編集画面で自由に調整できる。

6 タイムラプスでコマ送り動画を撮影

「タイムラプス」モードが搭載された機種なら、一定時間ごとに静止画を撮影し、それをつなげた早回しのコマ送りビデオを作成できる。

7 セルフタイマーで5秒／10秒後に撮影

設定で「セルフタイマー」を表示させると、カウント後にシャッターを切れる。タイマーは3秒または5秒と、10秒から選択できるのが一般的だ。

8 写真や動画の保存先を変更する

SDカードスロットを備えた機種なら、カメラの設定で「保存先」などの項目をタップして、写真や動画の保存先をSDカードに変更できる。

9 撮影した写真や動画に位置情報を付加する

カメラの設定で「位置情報付加」といった項目をオンにしておけば、撮影した写真や動画に位置情報を付加できる。

フォト

撮影した写真や動画を閲覧・編集する

使いやすく多機能な写真管理アプリ

撮影した写真や動画は、Googleの「フォト」アプリで管理しよう。サクサク動いて表示が速く、場所やよく写っている人物で自動分類してくれるほか、「花」や「ラーメン」といった写真の内容をキーワードに検索することもできる。また撮影した写真や動画を自動でクラウドにバックアップ保存することも可能だ。なおフォトアプリは、一定サイズ以下の写真や動画なら、無料かつ容量無制限でクラウドに自動保存できる点が最大の魅力だったのだが、この機能は2021年5月末で終了する。6月からは、無料で最大15GBまで使えるGoogleアカウントのクラウドストレージを使って、写真や動画をバックアップすることになる。

撮影した写真や動画を自動バックアップする

使い始め POINT!

フォトアプリの画面右上にあるアカウントボタンをタップし、「フォトの設定」→「バックアップと同期」でスイッチをオンにしておくと、撮影した写真や動画は自動的にクラウド上にバックアップ保存される。写真やビデオはクラウド上にあるので、端末内の写真や動画は削除すれば空き容量を増やせる（P065で解説）。またアップロードサイズを「高画質」にしておくことで、2021年5月末までは容量無制限で保存できるが、6月からはGoogleアカウントの容量を使って写真を保存することになるので注意。

オンにすると、撮影した写真と動画はクラウドに自動でアップロードされる

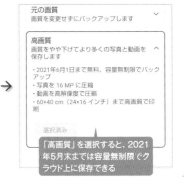

「高画質」を選択すると、2021年5月末までは容量無制限でクラウド上に保存できる

主要アプリ操作ガイド

SECTION 2

写真や動画を閲覧する

1 閲覧したい写真や動画をタップする

タップ

フォトアプリを起動すると、「フォト」画面で端末内の写真がサムネイルで一覧表示されるので、見たい写真をタップしよう。

2 写真の表示画面とメニュー表示

左から共有、編集、Googleレンズ、削除ボタン なお、Googleレンズは、被写体の情報を調べたり写っているテキストを翻訳してくれる機能だ

写真が表示される。画面内を一度タップするとメニューが表示され、他のユーザーへの写真送付や編集、削除などの操作を行える。

3 動画を再生するには

タップして再生／一時停止

動画のサムネイルをタップすると再生が開始される。画面内をタップすると、再生／一時停止ボタンやシークバーが表示される。

写真や動画の検索と編集

1 写っている被写体で写真をキーワード検索する

具体的なキーワードで写真を検索できる

上部の検索欄で、場所（「京都」「鎌倉」など）や、被写体の種類（「猫」「ケーキ」など）、シチュエーション（「海」「夜」など）を入力すれば、そのキーワードに合う写真が検出される。

2 写真に編集を加える

タップ

写真の表示画面で編集ボタンをタップすると、各種フィルタの適用や、明るさやカラーの調整、傾き補正や切り抜きなどを行える。編集を終えたら「保存」をタップ。

3 動画に編集を加える

スタビライズボタンをタップすると、手ブレの補正処理を行う。ボタンが表示されない場合は、「設定」→「ディスプレイ」で表示サイズやフォントサイズを小さくするか、画面を横向きにすると表示される

動画の場合も編集ボタンのタップで編集モードになり、カット編集や画面の回転が可能。スタビライズボタンをタップすると手ぶれを補正できる。

フォトアプリのその他の機能

写真や動画の削除と復元

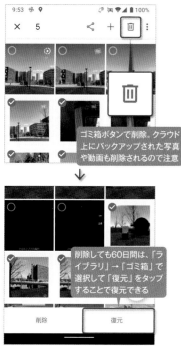

ゴミ箱ボタンで削除。クラウド上にバックアップされた写真や動画も削除されるので注意

削除しても60日間は、「ライブラリ」→「ゴミ箱」で選択して「復元」をタップすることで復元できる

写真やビデオをロングタップして複数を選択状態にし、ゴミ箱ボタンをタップすると削除できる。削除しても「ライブラリ」→「ゴミ箱」に60日間残っており、選択して「復元」をタップして復元できる。

バックアップ済みの写真や動画を削除する

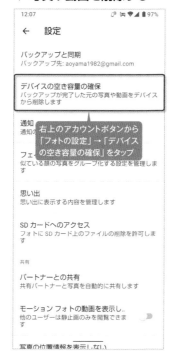

右上のアカウントボタンから「フォトの設定」→「デバイスの空き容量の確保」をタップ

クラウド上にバックアップ済みなら、「デバイスの空き容量の確保」で端末内の写真や動画を削除しても、フォトアプリで変わらず写真を見ることができる。ただしネット接続が必要となる点に注意しよう。

バックアップした写真をパソコンで表示する

Webブラウザでhttps://photos.google.com/にアクセスすると、バックアップ済みの写真やビデオが表示される

ダウンロード　Shift+D

写真やビデオを複数選択した状態で、右上のオプションメニューから「ダウンロード」をタップすると、ZIPで圧縮してダウンロードできる

クラウド上にバックアップされた写真は、パソコンのWebブラウザでGoogleフォト（https://photos.google.com/）にアクセスすれば表示できる。

YouTube Music

YouTubeと統合された標準音楽プレイヤー

手持ちの曲を無料で最大10万曲までアップできる

Android標準の音楽プレイヤーとして用意されているのが「YouTube Music」だ。端末内の曲を再生できるだけでなく、パソコンなどにある手持ちの曲を最大10万曲まで無料でクラウド上にアップロードでき、ストリーミング再生やダウンロード再生できる点が最大の魅力。また、YouTubeにアップされた最新MVや自動生成されたプレイリストなどを楽しめるので、新しい曲にも出会いやすい。ただYouTubeと統合されたことで、インターフェイスが煩雑になっており、音楽プレイヤーとしては少し使い勝手が悪い。端末内の音楽を再生するだけなら、もっとシンプルな音楽プレイヤーに乗り換えるのもいいだろう。

● パソコンの曲をライブラリに追加する

端末内にコピーする

「Music」以外の適当なフォルダにコピーしても問題ない

パソコンとスマートフォンをUSBケーブルで接続し、「ファイル転送」モードにしたら、スマートフォンの内部共有ストレージやSDカードのフォルダを開く。「Music」など適当なフォルダを作成して曲をコピーしておけば、YouTube Musicアプリが自動的に曲ファイルを認識してくれる。

クラウドにアップする

Web版YouTube Musicの画面内に、曲が入ったフォルダをドロップ

パソコンのWebブラウザでYouTube Music(https://music.youtube.com/)にアクセスし、パソコンの曲が入ったフォルダを画面内にドラッグ&ドロップすると、最大10万曲までクラウド上にアップロードできる。クラウド上の曲はストリーミング再生できるほか、端末内にダウンロードしておけばオフラインでも再生できる。

端末内の曲やクラウドにアップした曲を再生する

1 「ライブラリ」画面を開く

YouTube Musicで聴きたい曲を探すには、下部メニューの「ライブラリ」画面を開き、「アルバム」や「曲」をタップしよう。また「最近のアクティビティ」で再生履歴から探すこともできる。

2 ライブラリから聴きたい曲を探す

YouTube、クラウド上、端末内の曲やアルバムを切り替える

再生したい曲をタップ

「YT MUSIC」はYouTubeからライブラリに追加した曲、「アップロード」は自分でクラウドにアップした曲、「デバイスのファイル」は内部ストレージやSDカード内の曲が表示されるので、聴きたい曲をタップ。

3 再生画面が開いて曲が再生される

画面を下にスワイプすると再生画面を閉じる

曲をタップすると再生が開始される。シークバーの操作やシャッフル再生、リピート再生などを行えるほか、歌詞が登録された曲は「歌詞」をタップして表示できる。

YouTubeの曲の追加とオフライン再生

1 / YouTubeの曲を検索する

「アップロード」画面に切り替えると、クラウド上の曲をキーワード検索できる

画面右上の虫眼鏡ボタンをタップすると、YouTubeの曲やアルバム、動画をキーワード検索できる。検索結果をタップするとすぐにストリーミング再生が可能だ。

2 / YouTubeの曲をライブラリに追加する

タップ

YouTubeの曲やアルバムをいつでも聴きたいなら、オプションメニュー（3つのドット）ボタンから「ライブラリに追加」をタップしておこう。ライブラリの「YT MUSIC」画面に追加される。

3 / オフラインでも再生できるように保存する

タップしてダウンロード。自分でクラウドにアップした曲は無料版のままでもダウンロードできるが、YouTubeの曲を保存するにはYouTube Music Premiumの登録が必要

YouTubeやクラウド上の曲は、オプションメニューから「オフラインに一時保存」をタップして保存しておくと、オフライン時にも再生できる。ただしYouTubeの曲を保存するにはYouTube Music Premiumの登録が必要。

4 / YouTube Music Premiumを利用する

1ヶ月は無料で試用できる。2ヶ月目からは月額980円

下部の「アップグレード」画面から、有料のYouTube Music Premiumに登録すると、YouTubeの曲を広告無しで再生できるほか、バックグラウンド再生とオフライン再生も可能になる。

\ 使いこなし**ヒント** /

もっとシンプルな音楽アプリを使ってみる

フォルダ単位で再生できる点も便利

音楽プレーヤー
作者／recorder & smart apps
価格／無料

「YouTube Music」はYouTubeにアップされた大量の曲を無料で聴けるのがウリの一つだが、無料版だと再生時に広告が入ったりバックグラウンドで再生できないし、検索結果に「歌ってみた」動画などが混じる点も邪魔だ。端末内にコピーした曲を再生したいだけなら、この「音楽プレーヤー」のようなシンプルなアプリをメインの音楽プレイヤーとして利用するのがおすすめだ。

マップ

地図上で現在地の確認やルート検索をしてみよう

レストラン検索もできる
とにかく便利な地図アプリ

　今や我々の生活に欠かせない地図サービスとなった「Googleマップ」。スマートフォンに標準搭載されている「マップ」は、このGoogleマップをそのまま利用できる便利なアプリだ。端末に搭載されたGPSや各種センサーと連動しているので、現在位置を正確に表示できるだけでなく、自分が向いている方向も把握可能。また、現在位置から目的地までのルート検索を行ったり、周辺のレストランを検索したり、ストリートビューで目的地周辺の写真を把握するなど、さまざまな機能が利用できる。このマップアプリを使いこなせれば、道に迷うことはまずなくなるはずだ。

● マップの基本操作

アカウントメニュー
アカウントボタンをタップするとメニューが表示され、シークレットモードやタイムライン、オフラインマップなどを利用できる。

「設定」でマップの設定を変更できる

現在地
現在の位置と向いている方向が青いマーカーで示される。

現在の場所を表示
タップすると現在位置をマップ中央に表示。続けてもう一度タップすると、3D表示に切り替わり向いている方向と合わせて現在位置を確認しやすくなる。

✓ 使い始め POINT!

検索して目的地を調べる／場所を保存、共有する

1 調べたい場所を検索する

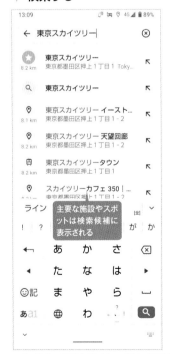

主要な施設やスポットは検索候補に表示される

マップで特定の場所を調べたい時は、画面上部の検索ボックスに施設名や住所を入力し、キーボードの虫眼鏡ボタンか、表示される検索候補を選んでタップしよう。

2 地図上に場所が表示される

検索結果として表示された場所の情報が表示される。また、マップ上を直接タップして、その場所の情報を確認することもできる

マップ上に赤いピンが表示され、検索した場所が表示される。上下左右のスワイプでスクロール、ピンチイン／アウトで表示の縮小／拡大が可能だ。

3 詳細を確認して場所を保存、共有する

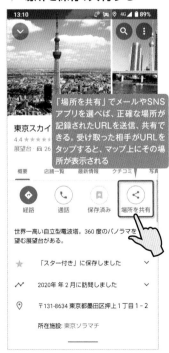

「場所を共有」でメールやSNSアプリを選べば、正確な場所が記録されたURLを送信、共有できる。受け取った相手がURLをタップすると、マップ上にその場所が表示される

画面下部の情報エリアをタップして詳細画面を表示。「保存」をタップ後、リストを選んで場所を保存すれば、サイドメニューの「マイプレイス」からいつでも確認できる。

目的地を指定してルート検索する

1 ／ ルート検索ボタンを タップする

タップしてこのスポットまでのルートを検索

2つの地点間の最適な移動ルートや距離、所要時間を知りたい場合は、画面右下の矢印ボタンをタップ。または、検索結果の情報エリアの「経路」をタップしてもよい。

2 ／ 出発／目的地と 移動手段を選んで検索

出発地には「現在地」が入力されているが、自由に変更可能だ

出発地と目的地を入力して移動手段を選択すると、画面下部にルートの候補が表示され所要時間と距離も確認できる。電車の場合は、詳細な乗換案内が利用可能。

3 ／ 詳細な乗換案内 としても利用可能

上へスワイプしてさらに情報を表示

移動手段で公共交通機関を選べば、詳細な乗換案内として利用可能。ルートの候補からひとつ選んでタップすると、徒歩移動の時間や通過駅も確認できる詳細画面が表示される。

マップ

マップをさらに使いこなす便利技

／ 特定のスポットを 検索する

「コンビニ」などで検索すると、地図上にピンが配置され場所を確認できる。また「リストを表示」ボタンをタップすると、スポットの一覧がリスト表示される

検索欄下に用意されたカテゴリをタップするか、「コンビニ」などをキーワードにして検索すると、付近のスポットがマップ上にピン表示される。

／ ストリートビューを 表示する

上下左右にドラッグすると視点変更、路線に沿ってスワイプすると場所を移動できる

地図上にピンを置き、マップの左下に表示されるストリートビューのサムネイルをタップすると、周辺の写真が360度確認できる。初めて行く場所の確認に便利だ。

＼ 使いこなしヒント ／

片手で拡大縮小操作を 行う方法

親指でダブルタップ後、指を離さず上下にスワイプすると拡大／縮小できる

マップ上をダブルタップして、そのまま上下に指をスワイプすると拡大／縮小表示が可能だ。片手で簡単に操作できるので、両手を使ってピンチイン／アウト操作がしにくい状況で役立つだろう。

カレンダー

スマートフォンでスケジュール管理を行おう

Googleカレンダーで
予定やタスクを管理する

スマートフォンには、Googleカレンダーを利用できる「カレンダー」アプリが標準でインストールされている。端末にGoogleアカウントを追加していれば、カレンダーアプリを起動するだけで、パソコンやタブレットなど他のデバイスから追加したGoogleカレンダーの予定が、自動的に同期される。アプリ版のGoogleカレンダーでは、「スケジュール」ビューに地図や画像が表示され予定を把握しやすくなっているほか、タスクを追加する「リマインダー」、目標達成のための日課を設定する「ゴール」など多彩な機能を備えているので、使いこなして日々のスケジュールをスマートに管理しよう。

● スマートフォンとパソコンで
スケジュールを同期

**スマートフォンでは
カレンダーアプリで管理**
Googleアカウントを設定済みなら、カレンダーアプリでGoogleカレンダーの内容が同期される。

パソコン側ではWebブラウザで管理
パソコン側ではGoogleカレンダー（https://calendar.google.com）にブラウザでアクセス。登録したイベントは即座にスマホ側にも同期される。

使い始め
POINT!

Googleカレンダーと同期して予定を確認する

1 / Googleアカウントを
設定しておく

あらかじめ端末の「設定」→「アカウント」で、Googleアカウントを追加しておこう。カレンダーアプリを起動すれば自動的にGoogleカレンダーと同期する。

2 / カレンダーの
表示スタイルを変更する

左上のボタンをタップしてサイドメニューを開くと、カレンダーの表示スタイルを「スケジュール」「日」「3日」「週」「月」に変更できる。

3 / 表示スタイルを
月表示にした画面

表示スタイルを「月」に変更すると、このように1ヶ月分のカレンダーが表示される。左右にフリックすると他の月の表示に切り替えでき、右上の「今日の日付」ボタンをタップすると今日の日付に戻る。

新しい予定を作成する／編集する

1 「+」→「予定」を タップする

新しい予定を作成するには、カレンダーの右下に表示されている「+」をタップし、続けて表示される「予定」をタップしよう。

2 予定を作成して カレンダーに追加する

タイトル、日時、場所などを入力し、通知や繰り返しを設定したら、右上の「保存」をタップ。カレンダーに予定が追加される。

3 作成した予定を 編集する

作成した予定をタップして詳細画面を開き、鉛筆ボタンをタップすれば、予定の内容を編集できる。

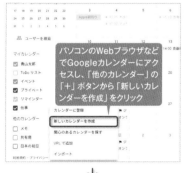は上部の画像内

カレンダーの作成と通知

複数のカレンダーを 作成する

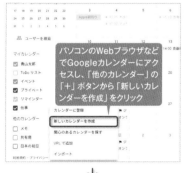

あらかじめ「仕事」「プライベート」など用途別に複数のカレンダーを作成しておくと、予定の登録先を使い分けできる。新しいカレンダーはWeb版Googleカレンダー（https://calendar.google.com/）で作成しよう。

予定の直前に 通知させる

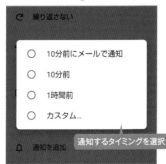

予定開始前に通知で知らせたいなら、予定の詳細画面で鉛筆ボタンをタップし、編集画面で「通知を追加」をタップ。通知のタイミングを選択しよう。「カスタム」をタップすると、通知時間や通知方法を自由に変更できる。

＼ 使いこなしヒント ／

好みのカレンダー アプリを利用する

標準のカレンダーアプリの機能が物足りないなら、Playストアで他のカレンダーアプリを探してみよう。多くのカレンダーアプリはGoogleカレンダーと同期できるので、パソコンではWebブラウザで予定を作成したり確認し、スマートフォンでは好きなアプリで予定の作成や確認を行える。

Googleカレンダーと同期できる「Yahoo!カレンダー」。スタンプなどを使ってひと目で予定が分かるようになっており、月表示の下半分で詳細を確認できる点も使いやすい

LINE

無料で利用できるトークや通話を楽しもう

スマートフォンには必携の コミュニケーションツール

友だちや家族と気軽にコミュニケーションできる定番アプリといえば「LINE」。多彩なスタンプを使って会話形式でやり取りできるトークや、ネット回線を利用して無料で利用できる音声／ビデオ通話を楽しもう。LINEはPlayストアで検索してインストールすれば使えるが、初めて利用する場合は、電話番号での認証が必要だ。機種変更などで以前のアカウントを使いたい場合は、登録したメールアドレスでログインすれば引き継げるが、元の機種ではLINEが使えなくなる点に注意しよう。基本的に、LINEは1つのアカウントを1機種でしか使えない。

● LINEの プライバシー設定に注意

「友だち自動追加」と「友達への追加を許可」をオンにしていると、スマートフォンの連絡先に含まれる、仕事先の相手などにもLINEを始めたことが分かってしまう。意図しない相手とつながりたくない場合はオフにしておこう。

仕事とプライベートを切り離してLINEを使いたい場合などは、LINEの「ホーム」画面上部にある歯車ボタンをタップし、「友だち」をタップ。「友だち自動追加」と「友だちへの追加を許可」を両方オフにしておくのがおすすめ

✓ 使い始め
POINT!

LINEの利用登録を行う

1 / LINEを起動して 新規登録をタップ

LINEを初めて利用する場合は「新規登録」をタップしよう。前の機種からLINEアカウントを引き継ぐ場合は「ログイン」をタップし、電話番号を入力して引き継ぎを済ませればよい。

2 / 電話番号で 認証を済ませる

この端末の電話番号が入力されているので、そのまま「→」ボタンをタップ。続けて、電話番号宛に届いた認証番号を入力し、LINEアカウントの新規作成を進めていこう。

╲ 使いこなしヒント ╱

ガラケーや固定電話 の番号で新規登録する

LINEアカウントを新規登録するには、以前はFacebookアカウントでも認証できたが、現在は電話番号での認証が必須となっている。ただ、データ専用のSIMなどで電話番号がなくとも、別途ガラケーや固定電話の番号を用意できれば、その番号で認証して新規登録することが可能だ。

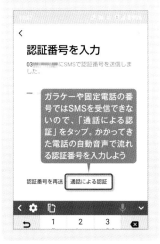

ガラケーや固定電話の番号ではSMSを受信できないので、「通話による認証」をタップ。かかってきた電話の自動音声で流れる認証番号を入力しよう

LINEで友だちとトークや通話を楽しむ

1 LINEでやり取りする 友だちを追加する

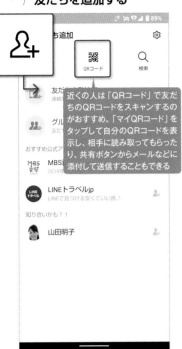

友だちを追加するには、ホーム画面右上の友だち追加ボタンをタップ。そばにいる人を追加する場合、「QRコード」で相手のQRコードをスキャンするか、自分のQRコードを表示して読み取ってもらうのが手軽だ。

2 友だちとトークや 無料通話を行う

「ホーム」画面で友だちをタップし、表示された画面で「トーク」をタップするとトーク画面。「音声通話」「ビデオ通話」をタップすると、無料で音声通話やビデオ通話を開始できる。

3 トークでメッセージ をやり取りする

「トーク」画面では、お互いのやり取りがフキダシで表示され、「スタンプ」と呼ばれるトーク用のイラストも投稿できる。メッセージ入力欄左のボタンで写真や動画、位置情報などの投稿も可能。

4 友だちと無料で 音声通話する

「音声通話」をタップすると、LINEでつながった友だちと無料で電話することができる。ビデオカメラボタンをタップすると、ビデオ通話に切り替わる。

5 固定・携帯電話とも 無料で通話できる

「ホーム」画面で「サービス」の「すべて見る」→「LINE Out Free」をタップすると、LINEユーザー以外の固定電話や携帯電話にも無料で通話できる。ただし20〜30秒程度の広告を視聴することが必要。

6 トーク履歴を バックアップする

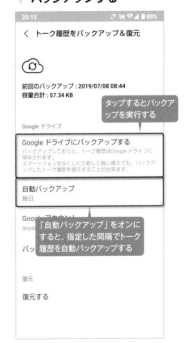

「ホーム」画面上部にある歯車ボタンをタップし、「トーク」→「トーク履歴のバックアップ・復元」をタップ。「Googleアカウント」をタップしてGoogleアカウントの認証を済ませると、トーク履歴をGoogleドライブにバックアップ・復元できるようになる。

YouTube

お気に入りのYouTuberや見たい動画を探し出そう

　YouTubeの動画を楽しみたいなら、Google製のYouTube公式アプリを利用しよう。Googleアカウントでログインしておけば、お気に入り動画の再生リストを作って連続再生したり、好きなアーティストのチャンネルを登録して最新PVをチェックしたりと、さまざまな方法で動画を楽しめる。とりあえず今話題の動画をチェックしたいなら、「探索」→「急上昇」のチェックがおすすめ。「音楽」「ゲーム」などカテゴリ別に、日本のYouTubeで人気の動画がピックアップされる。何か気になる動画を再生したら、再生動画の下に表示される関連動画をたどっていくと面白い動画に出会えるはずだ。

● **検索フィルタを活用しよう**

大量に公開されているYouTube動画から目的の動画を効率よく探し出すために、「検索フィルタ」を使いこなそう。検索結果の右上のボタンをタップするとフィルタが表示され、「並べ替え」で視聴回数順にソートしたり、「アップロード日」で投稿期間を指定できる。

✓ 使い始め
POINT!

主要アプリ操作ガイド SECTION 2

動画を検索して再生する

1 | キーワード検索で動画を探す

再生したい動画をタップ

YouTubeを起動したら、画面上部の虫眼鏡ボタンをタップしてキーワード検索してみよう。観たい動画が見つかったらサムネイルをタップする。

2 | サムネイルをタップして動画を再生する

ここをタップしてフルスクリーン表示に。また、再生画面の右側および左側のエリアをダブルタップすることで、10秒間のシーク移動を行える。この秒数は、右上のアカウントボタンをタップして「設定」→「全般」→「ダブルタップで早送り／巻き戻し」で変更できる

動画が再生画面で再生される。フルスクリーンで再生したい場合は動画の右下にあるボタンをタップしよう。下部ページの「コメント」をタップすると、動画に投稿されたコメントを確認できる。

3 | 再生しながら他の動画を検索する

タップすると元の画面に戻る。また、「×」をタップすればこのウィンドウが消去される

再生画面左上の「v」ボタンをタップするか再生画面を下へスワイプすると、このように画面下部での小窓表示になる。再生しながら他の動画を検索することも可能だ。

その他のアプリ

さまざまな便利アプリを使いこなしてみよう

多くのスマートフォンで標準搭載されているアプリ

スマートフォンには、これまで紹介してきたアプリの他にも、さまざまなアプリがあらかじめインストールされている。端末メーカーが開発したオリジナルアプリが導入されていることも多いが、ここでは、多くのスマートフォンに共通して搭載されているアプリについて紹介しておこう。ファイル管理やオフィス、時計、電卓アプリなどのほか、Google関連アプリもほとんどのスマートフォンで最初から使える。対応機種であれば、おサイフケータイ、テレビアプリなどが用意されている。また、端末のマニュアルがアプリで用意されている場合あるので、チェックしておこう。

よく標準搭載されているアプリ

端末内のファイルを管理
Files

スマートフォンの内蔵ストレージやSDカードに保存されたファイルを管理できる、Android標準のファイル管理アプリ。端末内のファイルを探し出したい時は、このアプリを利用しよう。サイドメニューで画像や動画、音声、最近使ったファイルを素早く表示できるほか、ブラウザなどでダウンロードしたファイルも確認できる。また、Googleドライブのファイルにもアクセス可能だ。

オフィス文書を扱える
OfficeSuite

WordやExcelファイルを扱えるオフィスアプリも、多くのスマートフォンに用意されている。Microsoft形式と互換性があり無料でも使える「OfficeSuite」などが定番だ。ただ、Microsoft公式の「Word」「Excel」アプリはPlayストアから無料でインストールできるし、Google製の「Googleドキュメント」や「Googleスプレッドシート」もある。自分で使いやすいアプリを利用しよう。

目覚ましとして活用できる
時計

Android標準の「時計」は意外と多機能なアプリで、複数の目覚ましをセットできるアラームや、世界の主要都市の時刻を表示できる世界時計、タイマー、ストップウォッチなどの機能を利用できる。特にアラームは、曜日の設定、サウンドの変更、バイブレーションのオン／オフ、ラベルの設定、消音までの時間、スヌーズの長さ、徐々に音量を上げるといった設定を細かく変更できる。

関数計算もこなせる
電卓

ちょっとした計算に役立つのが「電卓」アプリだ。「=」ボタンを押さなくても、入力途中の計算結果が随時表示されるのが便利。計算式や計算結果をロングタップしてコピーし、貼り付けることも可能だ。また、電卓の上部から下にスワイプすると、過去の計算式の履歴を確認でき、タップして再利用することもできる。右端からメニューを引き出すか、画面を横向きにすると関数電卓にもなる。

Google関連アプリ

無料オンラインストレージ
Googleドライブ

文書やPDF、写真、動画など、さまざまなファイルをアップロードして管理・保存できる、Googleのオンラインインストレージサービス。Gmailやフォトと共通の容量だが、無料で15GBまで使える。さらに、Wordのような「Googleドキュメント」、Excelのような「Googleスプレッドシート」、PowerPointのような「Googleスライド」という、独自形式のオフィス文書を作成・編集する機能も備える。

オンデマンドで映画を視聴
Playムービー&TV

Playストアで購入またはレンタルした、映画やテレビを再生するためのアプリ。購入やレンタルの手続きはこのアプリでも行える。ストリーミング再生時は接続速度に合わせて品質が自動調整され、作品をダウンロードしておけば高画質でオフライン視聴も可能だ。Playストアで配信されていない映画は「観たいものリスト」に登録しておけば、購入やレンタルが可能になったときに通知が届く。

気になる情報をチェック
Google

Google検索ができるだけでなく、ユーザーのWeb閲覧履歴に基づいて、付近のお店、スポーツの結果、最新ニュース、天気、興味のあるトピックなど、さまざまな情報をまとめてチェックできるアプリ。また、設定の「音声」→「Voice Match」を有効にして自分の声を登録しておけば、「OK Google」と話しかけるだけで、電話をかけたりルート検索するなど、さまざまな操作を音声で行える。

Googleのビデオ通話アプリ
Duo

LINEなどと同じく、無料で音声／ビデオ通話ができるアプリ。電話番号を登録し、SMSで届くコードを入力して認証を済ませるだけで、簡単に利用できる。DuoをインストールしたiPhoneなどとも無料で音声／ビデオ通話が可能だ。最大32人までのグループビデオ通話ができるほか、相手が応答できないときに動画メッセージを残したり、画面にエフェクトやフィルタを適用することもできる。

一部機種に搭載されるアプリ

かざしてスマートにお支払い
おサイフケータイ

電子マネー、ポイントカード、会員証などを一括管理し、スマートフォンをかざすだけで支払いができるサービス「おサイフケータイ」を利用するためのアプリ。例えばSuicaを登録して改札を通ったり、QUICPayを登録してコンビニで支払うといったことが可能になる。アプリの起動やロックの解除も不要だ。ただし、「FeliCa」という近距離無線通信規格に対応した機種でないと使えない。

有名人の素敵な写真をチェック
Instagram

写真共有SNS「Instagram」を利用するための公式アプリ。撮影した写真は、さまざまなフィルターを使ってその場で編集し、すぐに投稿できる。芸能人や著名人が多数利用しており、普段は見られない彼らの姿をチェックできるサービスとしても人気だ。このInstagramの他にも、TwitterやFacebookなど、主要なSNSサービスの公式アプリは最初からインストールされていることが多い。

使い方が分からない時は確認
取扱説明書

端末の使い方でわからない点があれば、「取扱説明書」アプリなどが用意されていないか確認してみよう。機種別のマニュアルなので、知りたい内容をピンポイントで調べることができるだろう。キーワードやカテゴリでの検索も可能だ。なお、マニュアルはアプリをインストールするのではなく、単にWeb上のオンラインマニュアルにアクセスするだけのショートカットの場合もある。

テレビ番組を視聴する
テレビ

ワンセグ／フルセグに対応したスマートフォンであれば、視聴用の「テレビ」アプリが用意されている。端末にアンテナを接続してアプリを起動し、最初に地域を選んでチャンネルスキャンを済ませれば、地上波放送の視聴が可能になる。番組表を確認したり、データ放送を表示することも可能だ。なお、ワンセグは日本の規格なので、海外メーカーのスマートフォンでは使えない。

設定

設定を変更して使いやすくカスタマイズする

スマートフォンでは設定内容の把握が重要

ホーム画面やアプリ管理画面で「設定」をタップして起動すれば、本体のさまざまな機能を確認したり変更できる設定画面が表示される。これまで解説してきたように、アカウントの追加や画面ロックといった重要な設定を行えるほか、ネットワーク、通知、ディスプレイ、音など、さまざまな項目が用意されているので、ひと通り確認しておくことをおすすめする。スマートフォンをより快適に使いこなすには、この設定でどんな機能を利用できるか把握しておくのが重要だ。なお、機種によって画面の表示や機能が異なることもある。似た名前の設定から探すか、設定メニューの検索機能（下記の「使いこなしヒント」で解説）を活用しよう。

● **設定中の機能や候補が表示される**

テザリングや機内モード、データセーバーといった機能をオンにしていると、設定画面の最上部に、このような通知が表示される。設定したことをうっかり忘れがちな機能を確認でき、詳細を開けばすぐに機能をオフにすることもできて便利だ。また、音声の使用や壁紙の設定など、まだ処理していない設定が「候補」として表示されることもある。

✓ **使い始め POINT!**

ネットワークとインターネット／接続済みのデバイス

自動接続したくないWi-Fi接続を削除する

保存されてしまった不安定なWi-Fiネットワークを削除

「ネットワークとインターネット」→「Wi-Fi」→「保存済みネットワーク」をタップすると、以前接続した保存済みネットワークが一覧表示される。不安定なWi-Fiをタップして「削除」で削除しておこう。

Bluetoothで機器を接続する

「接続済みの端末」で対応機器を検出する

Bluetooth対応のヘッドセットやキーボードと無線で接続するには、「接続済みのデバイス」や「機器接続」で「新しいデバイスとペア設定する」をタップし、検出されたBluetooth機器をタップすればよい。

モバイルデータ通信をオン／オフにする

Wi-Fiのみで通信したい時はオフにしよう

モバイルデータ通信（パケット通信）をしないようにするには、「ネットワークとインターネット」→「モバイルネットワーク」→「モバイルデータ」をオフにすればよい。Wi-Fiのみで通信するようになる。

使いこなしヒント

設定メニューを検索する

設定画面の上部にある検索欄で、設定メニューをキーワードで検索できる。「ロック」「通知」などをキーワードに検索すれば、関連する設定項目が一覧表示されるので、タップして設定画面を開こう。

ディスプレイ

明るさのレベルと自動調節

画面の明るさを手動または自動で変更する

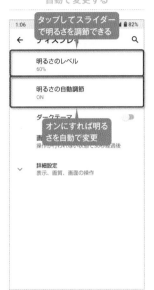

「ディスプレイ」や「画面設定」の「明るさのレベル」をタップすると、スライダーで画面の明るさを手動変更できる。また「明るさの自動調節」をオンにしておけば、周囲の明るさを検知して自動で最適な明るさに変更する。

黒を基調とした目に優しい画面にする

「ダークテーマ」に切り替えよう

「ディスプレイ」や「画面設定」の「ダークテーマ」をオンにすると、黒を基調とした画面に切り替わる。発光量が少ないため目に優しく、暗い場所でも見やすいのが特徴だ。対応アプリもすべて黒基調の画面になる。

グローブモードを利用する

手ぶくろをした状態でもタッチ操作ができる

通常スマートフォンの画面は指やスタイラスペンでタッチしないと反応しないが、機種によっては「ディスプレイ」画面などに、手袋をしたままでもタッチ操作できるようになるモードが用意されている。

ブルーライトの軽減機能をオンにする

目に負担のかからない暖色系の画面に変更する

機種によっては、眼に負担がかかるブルーライトをカットし、黄色みがかった画面にする機能が用意されている。「ディスプレイ」や「画面設定」で「リラックスビュー」や「ナイトライト」などの項目を探そう。

ストレージ／プライバシー／Digital Wellbeing／アプリと通知

内部ストレージの使用状況を確認する

「ストレージ」で項目ごとの消費容量が分かる

「ストレージ」→「内部共有ストレージ」をタップすると、内部ストレージで現在使用されている容量や、「写真と動画」「音楽と音声」「ゲーム」などカテゴリごとに消費している容量を確認できる。

パスワードの入力文字を一瞬も表示させない

「パスワード表示」をオフにしておこう

標準では、パスワードを入力する際に文字が一瞬だけ表示されるようになっている。これを表示させず、最初から黒塗りでパスワードを入力するには、「プライバシー」→「パスワードの表示」をオフにすればよい。

保護者による使用制限を設定する

子供のスマートフォンの利用を制限できる

「Digital Wellbeingと保護者による使用制限」→「保護者による使用制限を設定する」をタップし、画面の指示に従うと、子供のスマートフォンの使用アプリや利用時間を制限して使いすぎを防止できる。

アプリの設定をリセットする

無効化したアプリなどをすべて初期状態に戻す

「アプリと通知」→「アプリをすべて表示」で右上のオプション（3つのドット）ボタンをタップし、「アプリの設定をリセット」をタップすると、アプリに施した無効化設定や標準起動設定などをすべてリセットし、初期状態に戻せる。

音／ホーム切替／セキュリティ

高度なマナーモードを
設定する

通常のマナーモードよりも
この通知設定が優先される

「音」→「高度なマナーモード」や
「サイレントモード」で、通知動作や
例外、スケジュールなどを設定し、
「今すぐONにする」をタップにすれ
ば、通常のマナーモードよりも「高
度なマナーモード」の設定が優先さ
れるようになる。

アラーム音を
変更する

好きな音声ファイルを
追加することもできる

「音」→「デフォルトのアラーム音」
や「アラーム音」で、アラームで鳴
るサウンドを変更できる。用意さ
れた音から選ぶか、「アラームの追
加」で好みの音楽ファイルや音声
ファイルを追加しよう。

ホームアプリなどを
切り替える

キャリアや端末のホーム
アプリを切り替え

「設定」→「ホーム切替」や、「アプリ
と通知」→「優先アプリ設定」とい
った項目で、ホームアプリを変更で
きる。機種やキャリア独自のホー
ムアプリの他に、Playストアか
らインストールしたホームアプリ
に切り替えることも可能だ。

高度なマナーモードの
スケジュールを設定

平日や週末の通知モードを
自動的に切り替える

「音」→「高度なマナーモード」や
「サイレントモード」で「スケジュ
ール」をタップすると、高度なマナ
ーモードを自動実行するスケジュ
ールを設定できる。あらかじめ作
成済みの自動ルールがあるので、
編集して利用しよう。また、「追加」
で自動ルールを新規作成すること
も可能。

主要アプリ操作ガイド

SECTION **2**

セキュリティと現在地情報／ユーザー補助／システム

SIMカードの
ロックを設定する

盗難時にSIMが不正利用
されないようロックする

「セキュリティと現在地情報」→
「SIMカードロック設定」で「SIMカ
ードをロック」をオンにし、キャリ
アの初期PINを入力。オンになった
ら、「SIM PINの変更」で4〜8桁の
好きなコードに変更しよう。

画面を見やすいように
ズーム表示する

小さい文字だけ拡大
表示したい時に便利

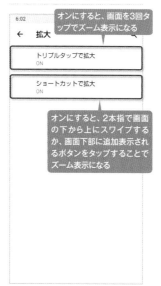

フォントサイズや表示サイズ全体
を変更しなくても、「ユーザー補
助」→「拡大」で、「トリプルタップ
で拡大」か「ショートカットで拡
大」をオンにしておけば、簡単な操
作でズーム表示できるようになる。

時刻の表示形式を
午前／午後にする

ステータスバーやロック
画面の時刻表示を変更

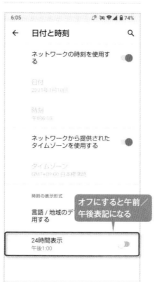

「システム」→「日付と時刻」で「24
時間表示」をオフにすると、時刻が
「13:00」ではなく「午後1:00」の
ような午前／午後表示になる。「カ
レンダー」など一部アプリの表記
にも反映される。

ソフトウェアアップ
デートを確認する

Android OSや端末の
バージョンアップを確認

「システム」→「システムアップデ
ート」で「アップデートを確認」を
タップすると、Android OSや端末
自体に更新ファイルがないか問い
合わせる。手動でチェックしなく
ても、更新があれば通知され自動
でダウンロードされる。

Section 03

スマートフォン活用テクニック

Androidの隠れた便利機能、必須設定、使い方のコツなどさらに
便利に活用するためのテクニックと、おすすめアプリを総まとめ。

03

001

● Googleアカウントの個人情報をしっかり管理

Googleアカウントの
セキュリティ設定

Googleアカウントは設定の「Google」で管理できる

P012で解説している通り、GoogleアカウントはPlayストアなどの利用に必須というだけでなく、Gmailや連絡先などの個人情報に紐付けられている重要なアカウントだ。万一にでも乗っ取られたりすることのないように、セキュリティには十分気をつけたい。Googleアカウントの管理設定は、「設定」→「Google」にまとめら

れている。まずは「セキュリティ診断」を実行しよう。利用中の端末の画面ロックや、使っていない端末へのアカウント登録状況、最近のログイン状況、ログインの確認方法や復旧方法などがチェックされ、問題点が列挙される。それぞれの問題点を確認し、表示される解決法を実行しよう。

パスワードを忘れた際の復旧情報や最近使用した端末情報は、個別にチェックす

ることもできる。さらに、現在設定中のパスワードに何かしらの問題や不安を感じたら、早めに変更も考えよう。そして、アカウントの不正利用を防ぐ強力な機能「2段階認証」も、きっちり設定しておくことを推奨したい。パスワードだけではログインできず、他のデバイスやSMSでの認証が必要となるので、安全性がぐっと上がる。

Googleアカウントのセキュリティ設定を見直そう

「設定」→「Google」→「Googleアカウントの管理」をタップし、「ホーム」もしくは「セキュリティ」タブを開く。セキュリティに問題がある時は「セキュリティの問題が見つかりました」という項目が表示されるので、「アカウントを保護」をタップして問題を解決しよう。問題がない時も「お使いのアカウントを保護します」→「使ってみる」でセキュリティ診断画面を表示できる

まずはセキュリティ診断で見直しチェックを行おう

セキュリティ診断を実行すると、このアカウントに接続した端末、最近のセキュリティイベント、再設定用の電話番号やメールアドレスなどアカウント復旧情報、アクセス権限を与えたアプリを確認し、セキュリティを見直すことができる。

1 アカウントのパスワードを変更する

「設定」→「Google」→「Googleアカウントの管理」の「セキュリティ」タブで、「パスワード」をタップすると変更できる。8文字以上の新しいパスワードを入力しよう。

2 パスワードを忘れた際の復旧情報を登録

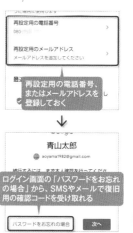

「設定」→「Google」→「Googleアカウントの管理」の「セキュリティ」→「再設定用の電話番号」と「再設定用のメールアドレス」を登録すれば、パスワード復旧用の確認コードを受け取れる。

3 アカウントの不正利用がないか確認

「設定」→「Google」→「Googleアカウントの管理」の「セキュリティ」→「お使いのデバイス」→「デバイスを管理」で不審な端末があれば、ログアウトして端末からのアクセスを停止できる。

POINT

2段階認証を設定する

「設定」→「Google」→「Googleアカウントの管理」の「セキュリティ」→「2段階認証プロセス」をオンにすれば、Googleアカウントにログインする際に通常のパスワードに加えて、既にログイン中の端末で認証するか、登録電話番号へSMSで送信される確認コードの入力が必要となる。

2段階認証をオンにしたGoogleアカウントでログインするには、すでにログイン中の他のデバイスで「はい」をタップするか、登録した電話番号にSMSで届く確認コードを入力するなどして認証を行う必要がある

002

● バッテリー残量に余裕を持たせる節約テク

バッテリーと省電力に関する設定総まとめ

外出先での不安を軽減する省電力機能を知っておこう

スマートフォンの悩みの種と言えばバッテリー問題だ。大容量化で使用可能時間が長くなっているとは言え、移動中に動画を見たり旅先で地図を使い続けたりすると、意外と早く電池を消費してしまう。「設定」→「電池」や「バッテリー」といった項目に、バッテリー消費を抑える省電力機能が用意されていることが多いので、確認してみよう。ここでは主にAQUOSシリーズの省電力機能について紹介するが、機能の名前は機種によって異なる。なお省電力機能とは、基本的に通信や画面表示などの動作に制限を加えて、節電を優先するものだ。使いづらくなる場合もあるので、自分の使用スタイルを考えて設定しよう。

バッテリー消費を抑える機能

電池使用量データは概算値であり、使用状況によって変化する可能性があります

「設定」→「電池」や「バッテリー」画面に、省電力機能が用意されていることが多い

AQUOSシリーズの省電力機能

長エネスイッチ

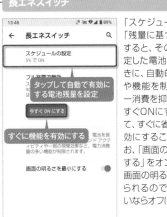

タップして自動で有効にする電池残量を設定

すぐに機能を有効にする

「スケジュールの設定」→「残量に基づく」にチェックすると、その下のバーで設定した電池残量を下回ったときに、自動的に一部の動作や機能を制限してバッテリー消費を抑えてくれる。「今すぐONにする」をタップして、すぐに省電力モードを有効にすることも可能だ。なお、「画面の明るさを最小にする」をオンにしていると、画面の明るさも最小に抑えられるので、画面が見にくいならオフにしておこう。

自動調整バッテリー

「自動調整バッテリーの使用」をオンにすると、使用頻度の低いアプリを学習し、使っていない間の実行回数を減らすことでバッテリー消費を抑えてくれるようになる。

その他バッテリーに関する重要項目

画面の明るさを下げる

「ディスプレイ」→「明るさの自動調節」をオフにし、「明るさのレベル」のスライダーを左に動かして暗めに設定しておこう。

スリープまでの時間を短くする

省電力を重視するなら15秒に設定しよう。AQUOSの「Bright Keep」など、手に持っている間は消灯しない機能も有効にしておこう

「ディスプレイ」→「スリープ」で、スリープするまでの時間を極力短くしておこう。省電力を重視するなら15秒に設定しよう。

ダークテーマに切り替える

「ディスプレイ」→「ダークテーマ」をオンにする

「ダークテーマ」をオンにすると、黒を基調とした画面に切り替わる。発光量が少ないため目に優しく、バッテリー消費も小さい。

不要な通信を避ける

「設定」→「ネットワークとインターネット」→「データセーバー」をオン。Wi-Fiや位置情報も使わない時はオフに

データ通信もバッテリー消費が大きいので、データセーバー（P083）を利用しアプリのバックグラウンド通信を制限しておこう。

ライブ壁紙を使わない

背景が動くライブ壁紙を使っているとバッテリー消費が大きい。壁紙は静止画のものに変更しておこう。

画面の高速駆動をオフにする

AQUOSの場合、「ディスプレイ」→「なめらかハイスピード」で高速駆動が不要なアプリをオフ

機種によっては、動きの激しい画面をなめらかに表示する高速駆動モードがあるが、オフにした方がバッテリーを節約できる。

POINT

一番の対策はモバイルバッテリーの携帯!

Anker PowerCore Slim 10000 PD
実売価格／3,999円（税込）

いくら節電したところで、十数時間も使っていればバッテリーはなくなる。外出先でバッテリー消費に気をつけながら使うよりも、いつでも充電できるようモバイルバッテリーを持ち歩くほうが安心だ。容量10000mAh前後の製品であれば、サイズもコンパクトで、スマートフォンを2〜3回程度フル充電できる。

003

料金アップや通信速度の制限を避けよう

● 設定の見直しでデータ通信の使いすぎを防ぐ

通信制限を回避する
通信量チェック&節約方法

使った通信量によって段階的に料金が変わる段階制プランだと、少し通信量をオーバーしただけでも次の段階の料金に跳ね上がる。また定額制プランでも段階制プランでも、決められた上限を超えて通信量を使い過ぎると、通信速度が大幅に制限されてしまう。このような、無駄な料金アップや速度制限を避けるためには、現在のモバイルデータ通信量をこまめにチェックするのが大切だ。各キャリアの公式アプリを使うか、サポートページにアクセスすると、現在までの正確な通信量を確認できるほか、今月や先月分のデータ量、直近3日間のデータ量、速度低下までの残りデータ量など、詳細な情報を確認できる。

モバイルデータ通信量の確認と上限設定

1 | 今月のモバイルデータ通信量を確認する

利用したモバイルデータ通信量がグラフ表示される。下部でアプリごとの利用データ量も確認できる。計測期間などの変更は上部の歯車ボタンをタップ

「設定」→「ネットワークとインターネット」→「モバイルネットワーク」→「アプリのデータ使用量」をタップすると、設定期間中に利用したモバイルデータ通信量をグラフで確認できる。何のアプリがどれくらいモバイルデータ通信を利用しているかも分かる。

2 | モバイルデータ通信の開始日を設定

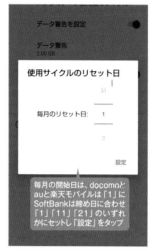

毎月の開始日は、docomoとauと楽天モバイルは「1」にSoftBankは締め日に合わせ「1」「11」「21」のいずれかにセットし「設定」をタップ

上部の歯車ボタンをタップし、「アプリのデータ使用量のサイクル」を選択すれば、毎月の通信量使用開始日を設定できる。docomoとau、楽天モバイルは末日が締め日なので1日に設定。SoftBankは10日／20日／末日など自分の締め日に合わせる。

3 | モバイルデータ通信の警告と上限容量を設定

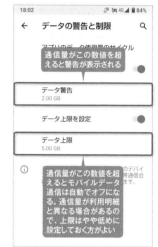

通信量がこの数値を超えると警告が表示される

通信量がこの数値を超えるとモバイルデータ通信は自動でオフになる。通信量が利用明細と異なる場合があるので、上限はやや低めに設定しておく方がよい

また「データ警告を設定」と「データ上限を設定」のスイッチをオンにしたら、「データ警告」で警告を表示する容量を設定し、「データ上限」でモバイルデータ通信を自動でオフにする容量を設定しよう。データ上限はやや低めに設定するのがオススメだ。

制限後の速度と解除のタイミング

定額制プランで決められたデータ容量や、段階制プランでも上限を超えると、通信速度が大幅に制限される。docomoと楽天モバイルは、制限後の通信速度が1Mbpsと条件がゆるく、画像の表示や低画質の動画なども再生できるため、比較的ストレスなく使い続けられる。ただauとSoftBankの場合は、速度制限されると128kbpsまで落ちてしまう。これは、メールやLINEの音声通話程度なら問題なく使えるものの、少し重いWebページもまともに表示できないほどの超低速だ。基本的に翌月に制限が解除され元の速度に戻るが、今すぐ高速通信を使いたいなら、1GBあたり500〜1,000円程度の追加料金を払う必要がある。

	制限後の通信速度	制限される期間
docomo	1Mbps	当月末まで
au	128kbps	当月末まで
SoftBank	128kbps	請求月末（締め日）まで
楽天モバイル	楽天回線エリアは制限なし	－
	その他の回線は1Mbps	当月末まで

キャリアのページで通信量を確認

今月利用したモバイルデータ通信量は、上記で解説したとおり設定の「データ使用量」画面で確認できるが、より正確な通信量を調べるなら、キャリアのサポートアプリを利用しよう。docomoは「My docomo」、auは「My au」、SoftBankは「My SoftBank」、楽天モバイルは「my楽天モバイル」で、それぞれ当月／先月分の利用データ量や、通信速度が規制されるまでの残りデータ量を確認することができる。

各キャリアの公式アプリ

My docomo
作者／NTT DOCOMO
価格／無料

dアカウントでログインして「データ量」画面で確認する。

My au
作者／KDDI株式会社
価格／無料

au IDでログインして「データ利用」画面で確認する。

My SoftBank
作者／SoftBank Corp.
価格／無料

SoftBank IDでログインして「ホーム」画面で確認する。

my楽天モバイル
作者／Rakuten Mobile, INC.
価格／無料

楽天ユーザIDでログインして「利用状況」画面で確認する。

SECTION 3 スマートフォン活用テクニック

通知パネルで通信量を確認

My Data Manager
作者／App Annie Basics
価格／無料

1 データ上限や締め日を設定しておく

起動したら「データプランを設定またはプランに参加する。」をタップし、データ量の上限や開始日、現在までの使用量を設定しよう。また、設定で使用状況へのアクセスも許可しておく。

2 通知パネルでデータ量を確認できる

ステータスバーにアイコンが常駐し、通知パネルを開くだけで、すぐに現在の使用データ容量や残り日数を確認できる。ウィジェットも用意されている。

データセーバーで通信量を節約

1 データセーバーをオンにする

「設定」→「ネットワークとインターネット」→「データセーバー」をオンにすると、アプリのバックグラウンド通信が無効になり、意図しないモバイルデータ通信量を節約することができる。

2 通信を制限しないアプリを選択しておく

データセーバーがオンだと、メールやSNSをバックグラウンドで受信しないなど、不便な点もある。「無制限のデータアクセス」で、これらのアプリは通信を許可しておこう。

通信量を節約するための設定ポイント

個別にバックグラウンド通信をオフ

「設定」→「アプリと通知」でアプリを選択し、「モバイルデータとWi-Fi」をタップ。「バックグラウンドデータ」をオフにすれば、バックグラウンド通信が無効に。

不要なGoogleサービスの同期をオフ

「設定」→「アカウント」でGoogleアカウントを選択。「アカウントの同期」で同期不要なサービスをオフにしておけば、データ通信を節約できる。

Playストアの自動更新はWi-Fiで行う

「Playストア」アプリの「設定」→「アプリの自動更新」をタップし、「Wi-Fi経由のみ」を選択しておこう。

Chromeのライトモード機能をオンに

Chromeの「設定」→「ライトモード」をオンにすると、Webページ閲覧時はGoogleのサーバで容量を圧縮して表示されるようになる。

YouTubeをHD画質で再生しない

YouTubeの「設定」→「全般」→「モバイルデータの上限設定」をオンにすれば、Wi-Fi接続時以外は動画を低画質で再生する。

写真のバックアップにデータ通信を使わない

フォトアプリの「フォトの設定」→「バックアップと同期」で、「モバイルデータ通信の使用量」は写真・動画ともにオフにしておこう。

地図データを保存してオフラインで使う

Googleマップでよく利用する範囲の地図データを端末内に保存しておけば、通信せずにオフラインで利用できる（No009で解説）。

Twitterのデータセーバー機能をオン

Twitterアプリのサイドメニューで、「設定とプライバシー」→「データ利用の設定」→「データセーバー」を有効にすると、動画は自動再生されず画質も低画質で読み込まれる。

YouTube Musicでデータ通信を使わない

YouTube Musicの「設定」→「Wi-Fi接続時のみストリーミング」をオンにすれば、モバイル通信でストリーミング再生しなくなる。

POINT 意外と通信量を消費するマップの操作に注意

特に航空写真での拡大、縮小操作はNG

外出先で使うと、意外と通信量を消費するのが「マップ」だ。航空写真はもちろん通常のマップ表示でも、拡大・縮小などの操作を行うたびに読み込みが発生するので、通信量が膨大になる。

004

スマホ決済の種類と違いを知っておこう

● キャッシュレスでスマートに支払おう

一度使うと手放せないスマホ決済総まとめ

最近は小さな飲食店や個人商店でも利用でき、高還元率のお得なキャンペーンでも何かと話題の「スマホ決済」。名前の通り、スマートフォンだけで支払いができる電子決済サービスだが、種類が多すぎてよく分からない人も多いだろう。ここでは、スマホ決済の種類と違いや、基本的な使い方を解説する。

下にまとめている通り、スマホ決済は「非接触型決済」と「QRコード決済」の2種類に分けられ、その支払い方法は「前払い（プリペイド）」「後払い（ポストペイ）」「即時引き落とし」の3種類に分けられる。スマホ決済のメリットは、なんと言ってもキャッシュレスで支払える点だ。スマートフォンさえあれば、店に合わせてさまざまな支払い方法を選択できるし、現金で支払うより会計もスムーズ。また、高いポイント還元率や、支払履歴が残るので家計簿が不要といった点も魅力だ。さらに、生体認証や二段階認証で強力に保護され、万一の際は遠隔操作で利用停止できるので、現金を持ち歩くよりセキュリティ性も高い。反面デメリットとしては、電源が切れると支払いができなかったり、そもそもスマホ決済が使えない店も多い、といった点が挙げられる。それでも、今やメリットの方が大きい便利な決済方法であるのは確かだ。まずは、自分がよく利用する店で使えるスマホ決済を導入してみよう。

スマホ決済は大きく分けて2種類

タッチしてピッと支払う
非接触型決済

店頭のリーダーや改札、自動販売機で端末をかざすだけで支払えるのが「非接触型決済」だ。この機能を使うには「FeliCa」という近距離無線通信規格に対応している必要がある。海外メーカーの格安スマホでは使えないことが多いので注意しよう。対応機種であれば、「おサイフケータイ」か「Google Pay」アプリから、各種電子マネーの登録を済ませる。あとは、店員に「Suicaで」「nanacoで」など支払い方法を伝えて、店頭のカードリーダーに端末の背面をかざすだけ。アプリを起動したり、画面ロックを解除する必要もない。

「○○ペイ」はこのタイプ
QRコード決済

店頭でQRコードやバーコードを表示して読み取ってもらうか、または店頭にあるQRコードをスキャンして支払う方式が「QRコード決済」だ。いわゆる「○○ペイ」系のサービスで、PayPay、楽天Pay、LINE Payをはじめ、コンビニや通信キャリアや銀行まで、多くの企業が参入している。タッチするだけの非接触型決済と比べると支払いに手間がかかるが、各サービスの競争が激しく、ポイント還元などお得なキャンペーンが多いのが特徴。また、店側に専用端末が必要ないので比較的小さな個人商店でも使える。

スマホ決済の支払い方法は3種類

前払い（プリペイド）

あらかじめ、クレジットカードや現金で電子マネーとしてチャージしておく方法。非接触型決済でもQRコード決済でも、この支払い方法が主流。

後払い（ポストペイ）

登録したクレジットカードなどの支払い期日に、まとめて引き落とされる方法。QUICPayやiDの他に、QRコード決済の一部も後払いが可能だ。

即時引き落とし

決済した時点で、連動した銀行口座から即時に金額が引き落とされる支払い方法。ゆうちょPayやJ-Coin Payなど銀行系のサービスで利用できる。

スマートフォン活用テクニック

SECTION 3

おサイフケータイから登録して使う

1 「おすすめ」から電子マネーを選択

「おサイフケータイ」アプリを起動し、「おすすめ」タブで追加する電子マネーをタップしよう。会員証、ポイント、クーポンなども登録しておける。

2 個別のアプリをダウンロードする

おサイフケータイに電子マネーを追加するための手順が表示されるので、「サイトへ接続」をタップ。この電子マネーの公式アプリをダウンロードし、登録を進めていこう。

3 マイサービスで電子マネーを確認

追加した電子マネーと残高は「マイサービス」タブで確認できる。あとは、店で「Suicaで」など支払い方法を伝えて、リーダーに端末をかざすだけで支払いが完了する。アプリの起動も不要だ。

4 機種変更時のデータ移行

機種変更時などに残高を移行したい場合は、それぞれの電子マネーアプリでの操作が必要となる。「機種変更」などのメニューを探して、画面の指示に従おう。

Google Payから登録して使う

1 既存の電子マネーはすぐに追加できる

Google Payアプリをインストールして起動。おサイフケータイに追加済みの電子マネーは、選択して「同意する」をタップするだけですぐに連携し利用可能になる。

2 QUICPayやiDなども即日追加できる

おサイフケータイにQUICPayやiDを追加する場合、IDとパスワードの発行に数日かかるが、Google Payだとカードを撮影するだけで登録できる。ただし対応カードは限られる。

3 支払い画面で電子マネーを確認

追加した電子マネーと残高は「支払い」画面で確認できる。おサイフケータイと同じく、「Suicaで」など支払い方法を伝えて、リーダーに端末をかざすだけで支払いが完了する。

4 機種変更時のデータ移行

Google Payは複数電子マネーの一元管理だけなら単体で行えるが、機種変更時のデータ移行はできない。それぞれのアプリをインストールして移行手続きを行う必要がある。

POINT

おサイフケータイとGoogle Pay、どっちを選ぶ?

「おサイフケータイ」と「Google Pay」は、ほぼ同じ種類の電子マネーに対応する（おサイフケータイのみモバイルスターバックスカードにも対応）アプリだが、「おサイフケータイ」はあくまで電子マネーの登録を助けるポータルアプリであり、登録もチャージもすべてそれぞれの電子マネー公式アプリで操作する。これに対し「Google Pay」はアプリ上で複数の電子マネーを一元管理でき、登録やチャージなどの操作を行えるのが最大の

メリットだ。ただし、Google PayではSuica定期券やSuicaグリーン券を購入できないほか、nanacoはクレジットチャージができず、WAONもポイントチャージができないなど、細かな制限が多い。また、機種変更時のデータ移行もGoogle Payアプリ単体で行えず、結局個々の公式アプリの作業が必要になる。現時点では、まだ「おサイフケータイ」の個別アプリで使ったほうがトラブルは少ないだろう。

QRコード決済（PayPay）を利用する

1 | 電話番号などで新規登録

QRコード決済の使い方として、ここではPayPayを例に解説する。アプリを起動したら、電話番号か、またはYahoo! JAPAN IDやソフトバンク・ワイモバイルで新規登録しよう。

2 | SMSで認証を済ませる

電話番号で新規登録した場合は、SMSで認証コードが届くので、入力して「認証する」をタップしよう。アプリの解説画面を閉じれば、メイン画面が表示される。

3 | チャージをタップする

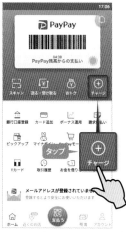

PayPayアプリのインストールが終わっただけではまだ使えない。あらかじめPayPayにお金をチャージしておく必要がある。「チャージ」ボタンをタップしよう。

4 | 支払い方法を追加する

「チャージ方法を追加してください」をタップし、銀行口座などを追加したら、金額を入力して「チャージする」をタップ。セブン銀行ATMで現金チャージも可能だ。

5 | 店側にバーコードを読み取ってもらう

PayPayの支払い方法は2パターン。店側に読み取り端末がある場合は、ホーム画面のバーコードか、または「支払う」をタップして表示されるバーコードを、店員に読み取ってもらおう。

6 | 店のバーコードをスキャンして支払う

店側に端末がなくQRコードが表示されている場合は、「スキャン」をタップしてQRコードを読み取り、金額を入力。店員に金額を確認してもらい、「支払う」をタップすればよい。

7 | PayPayの支払い履歴を確認する

「残高」をタップすると、PayPayの利用明細が一覧表示される。タップすると、その支払いの詳細を確認できる。還元されるポイントもこの画面で確認可能だ。

8 | 個人送金や割り勘機能を使う

PayPayは他にもさまざまな機能を備えている。「送る」「受け取る」ボタンで友だちとPayPay残高の個人送金ができるほか、「わりかん」でPayPayユーザー同士の割り勘も可能だ。

POINT

PayPayが使える店を探す

PayPayが使える店を探すには、下部メニューの「近くのお店」をタップしよう。現在地や表示中のエリア周辺で、PayPayを使える店がマップに表示される。「ジャンルで探す」の各ボタンでカフェやコンビニなどを絞り込んで表示できるほか、虫眼鏡ボタンでキーワード検索も可能だ。マップ上の店のピンをタップすると、その店の詳細が下部に表示され、クーポンを確認したりレビューをチェックできる。また「おトク」のスイッチをオンにして、キャンペーン中の店のみ表示することもできる。

PayPayが使える店がマップ上に表示され、タップすると詳細を確認できる

スマートフォン活用テクニック

SECTION 3

005

複数の演算子
で効果的に
絞り込む

Gmailは、ラベルやフィルタで細かくメールを管理していても、いざ目当てのメールを探そうとしたらなかなか見つからないことが多い。そんな時、ズバリと目的のメールを探し出すために、「演算子」と呼ばれる特殊なキーワードを使用しよう。メール検索欄に、ただ名前やアドレス、単語を入力するだけではなく、演算子を加えることでより正確な検索が行える。複数の演算子を組み合わせて、さらに効果的にメールを絞り込むことも可能だ。ここでは、よく使うと思われる主な演算子をピックアップして紹介する。これだけでも覚えておけば、メール検索が一気に効率化するはずだ。

● 目的のメールを効率よく探し出す
Gmailのメールを詳細に検索
できる演算子を利用する

Gmailで利用できる主な演算子

from: …… 送信者を指定

to: …… 受信者を指定

subject: …… 件名に含まれる単語を指定

OR …… A OR Bのいずれか一方に一致するメールを検索

-（ハイフン） ……除外するキーワードの指定

"　"（引用符） …… 引用符内のフレーズを含むメールを検索

after: …… 指定日以降に送受信したメール

before: …… 指定日以前に送受信したメール

label: …… 特定ラベルのメールを検索

filename: …… 添付ファイルの名前や種類を検索

has:attachment …… 添付ファイル付きのメールを検索

演算子を使用した検索の例

from:sato

送信者のメールアドレスまたは送信者名にsatoが含まれるメールを検索。大文字と小文字は区別されない。

from:佐藤 subject:会議

送信者名が佐藤で、件名に「会議」が含まれるメールを検索。送信者名は漢字やひらがなでも指定できる。

from:佐藤 "会議"

送信者名が佐藤で、件名や本文に「会議」を含むメールを検索。英語の場合、大文字と小文字は区別されない。

from:青山 OR from:佐藤

送信者が青山または佐藤のメッセージを検索。「OR」は大文字で入力する必要があるので要注意。

after:2015/03/05

2015年3月5日以降に送受信したメールを指定。「before:」と組み合わせれば、指定した日付間のメールを検索できる。

filename:pdf

PDFファイルが添付されたメールを検索。本文中にPDFファイルへのリンクが記載されているメールも対象となる。

006

データ通信機能を
持たない機器で
ネットを利用する

「テザリング」とは、スマートフォンのモバイルデータ通信機能を使って外部機器をインターネットにつなげる機能だ。他のスマートフォンやタブレットはもちろん、Wi-Fi接続機能があるノートパソコンやゲーム機などでも利用可能。スマートフォンの電波状況さえ良好なら、さまざまな機器でいつでもどこでもネットを利用可能になる。テザリング中でももちろんスマートフォンは通常通り利用可能だ。なお、テザリングで注意したいのがモバイルデータ通信の使用量だ。全てのキャリアで、一定の通信量を超えると通信速度規制が課せられるので、うっかり使いすぎないように注意しよう。

● テザリング機能を利用しよう
スマホのデータ通信を使って
パソコンやタブレットをネット接続

1 | テザリング機能をオンにする

「設定」→「ネットワークとインターネット」→「テザリング」→「Wi-Fiテザリング」をタップし、スイッチをオンにする。

2 | Wi-Fiのパスワードを設定する

続けて「パスワード」をタップし、Wi-Fi接続パスワードを確認するか、または好きなパスワードに変更しておこう。

3 | Wi-Fi対応機器からテザリングで接続

今回はiPadを接続。タップしてパスワードを入力すればすぐに接続できる

タブレットなどのWi-Fi接続画面に表示されるネットワーク名（スマートフォンの名前）をタップし、設定したパスワードを入力するだけで、スマートフォンのモバイルデータ通信を使ってインターネットが利用可能になった。

007

Dropboxの バックアップ機能 を利用しよう

会社のパソコンに保存した書類をスマートフォンで確認したり、途中だった作業をスマートフォンで再開したい場合は、クラウドサービスのDropboxを利用しよう。特に、仕事上のあらゆるファイルをデスクトップ上に保存している人は、Dropboxの「パソコンのバックアップ」機能を有効にしておくと便利だ。パソコンのデスクトップ上のフォルダやファイルが丸ごと自動同期されるので、特に意識しなくても、会社で作成した書類をスマートフォンでも扱えるようになる。

Dropbox
作者／Dropbox, Inc.
価格／無料

● Dropboxでデスクトップなどを自動バックアップ

パソコンのデータをいつでも スマホで扱えるようにする

1 バックアップの 設定をクリック

パソコンでシステムトレイにあるDropboxアイコンをクリックし、右上のユーザーボタンから「基本設定」をクリック。続けて「バックアップ」タブの「設定」ボタンをクリックする。

2 デスクトップを 選択して同期

自動で同期したいフォルダにチェック

Dropboxで自動同期するフォルダを選択する。仕事の書類をデスクトップで整理しているなら、「デスクトップ」だけチェックを入れて「設定」をクリックし、指示に従って設定を進めよう。Dropboxフォルダ内に「My PC（デバイス名）」といったフォルダが作成され、パソコンのデスクトップ上のファイルが同期される。なお、同期したフォルダ内のファイルを削除すると、Dropboxとパソコンの両方から削除される点に注意しよう。

3 Dropbox公式アプリ でアクセスする

My PC
(DESKTOP-EGGK3LG)
あなたのみ

名前 ▽

Desktop

「Desktop」フォルダに同期されている

スマートフォンでは、Dropboxアプリを起動して「My PC」→「Desktop」フォルダを開くと、会社のパソコンでデスクトップに保存した書類を確認できる。

008

頭文字をタップ してアプリを 探せる

よく使うアプリはホーム画面下部のドックから起動するのが便利だが、基本的に5つまでしか配置できず、複数アプリをフォルダにまとめるのも少し使いづらい。そこで、もっとスマートにアプリを起動できるランチャーアプリを使おう。「LaunchBoard app drawer」は、アプリでキーボードを表示させてキーを押すと、その頭文字のアプリが一覧表示され素早く起動できるランチャーだ。日本語アプリはすべて「#」キーにまとめられるのが残念だが、よく使うアプリはお気に入り登録しておける。

LaunchBoard app drawer
作者／Appthrob
価格／無料

● いつものアプリを素早く起動させよう

よく使うアプリをスマートに 呼び出す高機能ランチャー

1 アプリアイコンを ドックに配置する

アプリをインストールしたら、アプリアイコンを下部のドックに配置しておくのがおすすめだ。これをタップしてキーボードを表示させよう。

2 アプリの頭文字 を入力する

アプリの頭文字をタップ。日本語アプリはすべて「#」キーにまとめられるので注意

表示されるキーボードで、起動したいアプリの頭文字をタップしよう。その頭文字のアプリが一覧表示され、素早く起動できる。

3 よく使うアプリは お気に入りに登録

検索結果のアプリをロングタップし、「Add to favorites」でお気に入りに登録しておくと、キーボード上部に最初から表示されるようになる。

009

必須の設定や一歩進んだ注目機能まで

● マップの真価を発揮するオプション機能

Googleマップの便利機能を しっかり活用しよう

P068で解説した標準アプリの「マップ」には、まだまだ便利な機能が搭載されている。使いこなせば日々の移動はもちろん、旅行や友人との待ち合わせなど、さまざまなシーンでさらに大活躍するはずだ。まず、自宅と職場の住所登録をおすすめしたい。ルート検索の出発地や目的地に自宅や職場を即座に設定できるため、利便性が大きく向上する。また、経路検索では経由地を指定して、より柔軟にルートを検索できることを覚えておこう。さらに、地図データをダウンロードしてオフラインでも表示できるようにしたり、現在地をリアルタイムで共有できるほか、日々の行動履歴を記録する機能もぜひ試してほしい。

必ず覚えておきたい便利機能

自宅や職場の住所を登録

下部メニューの「保存済み」→「ラベル付き」をタップ。続けて「自宅」および「職場」をタップして住所を入力する。右の3つのドットのボタンをタップすると、入力した住所の編集や削除を行える

自宅や職場を登録しておくと、ルート検索時に出発地や目的地にワンタップで登録できて便利。使い勝手が大きく向上するので、ぜひおすすめしたい設定だ。

ルート検索で経由地を指定する

経由地を追加すると最初の目的地が経由地点になってしまうが、地点名右の二本線の部分をドラッグして入れ替え可能だ

ルート検索で出発地と目的地を入力した後、右上のオプションメニューボタンをタップ。続けて「経由地を追加」をタップし、スポットや住所を入力しよう。経由地は複数指定することもでき、ルートを柔軟に検索できる。

オフラインマップを利用する

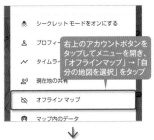

右上のアカウントボタンをタップしてメニューを開き、「オフラインマップ」→「自分の地図を選択」をタップ

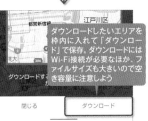

ダウンロードしたいエリアを枠内に入れて「ダウンロード」で保存。ダウンロードにはWi-Fi接続が必要なほか、ファイルサイズも大きいので空き容量に注意しよう

あらかじめ指定した範囲の地図データを、端末内にダウンロード保存しておくことで、圏外や機内モードの状態でもGoogleマップを利用できる。スポット検索やルート検索（自動車のみ）、ナビ機能なども利用可能だ。

マップの一歩進んだ活用法

毎日使う通勤経路の情報をすばやく確認

「経路」画面に固定したルート候補が表示される

通勤などでよく使う経路は、ルート検索結果の下部にある「固定」ボタンをタップしておこう。下部メニューの「経路」画面で、お気に入りのルートとして固定表示されるようになり、ワンタップでルート検索できる。

指定した地点間の距離を測定する

「＋」で地点を追加し、建物の外周を測定することもできる

マップ上をロングタップしてピンを立て、画面下部に表示される地点名をタップ。詳細情報画面の「距離を測定」をタップしマップをスワイプすると、最初に指定した地点と画面中央部までの距離が表示される。

リアルタイムに現在地を共有

位置情報を共有する時間を設定することも可能

メニューの「現在地の共有」→「現在地を共有」をタップし、現在地を知らせたい相手を選ぶか、またはメールなどでリンクを送信しよう。相手のマップ上に、自分の位置情報がリアルタイムで表示される。

日々の行動履歴をマップで確認

Googleマップのメニューで「設定」→「個人的なコンテンツ」→「ロケーション履歴がOFF」をタップし、機能を有効にする。これで移動した経路や訪れた場所が自動で記録されていく。Googleマップのメニューから「タイムライン」をタップすると、過去に訪れた場所や経路がマップ上に表示される

010

● Smart Lock機能を利用しよう

自宅や特定の場所では ロックを無効にする

スマートフォンには特定の条件下で自動的に画面ロックを解除してくれる、「Smart Lock」という便利な機能が搭載されている。例えば、自宅や職場を信頼できる場所として指定しておけば、その場所にいる間は画面がロックされず、スワイプだけで

ホーム画面を開くことが可能になる。利用には画面ロックの設定が必要なので、あらかじめ「設定」→「セキュリティ」から、パターン／ロックNo.／パスワードなどで設定しておこう。また位置情報もオンにしておくこと。

パターン／ロックNo.／パスワードなどで画面ロックを設定しておき、設定の「セキュリティ」→「Smart Lock」→「信頼できる場所」をタップ

Googleアカウントに自宅住所を登録していれば、「自宅」をタップして登録できる。その他の場所は「信頼できる場所の追加」をタップして、マップ上で場所を指定しよう。指定した場所に端末がある間は、画面ロックが自動的に解除される

011

● 誤操作を防止する便利アプリ

画面のタッチ操作を 一時的に無効にする

起動中のアプリの画面を表示したまま、タッチパネルの操作を無効化してくれるアプリ。マップや位置情報ゲームなどの画面を表示したままでも、誤操作の心配なくポケットに入れられる。また、子供に動画を見せる際や、音量キーで連続して写真を撮り

たい時など、画面タッチに気を使う必要がなくなるので非常に助かるはずだ。有効／無効も通知パネルで素早く切り替えることができる。

 画面そのままロック
作者／Team Obake Biz
価格／無料

初回起動時は、画面の指示に従いユーザー補助の設定を行おう。設定が完了したら、ロックしたい画面を表示させ、通知パネルの「タッチすると画面ロックを開始」をタップ

表示中の画面がロックされ、タッチ操作が無効になる。解除方法は音量キーやカメラキーを押すなど、複数の方法を設定可能。5回タッチすると解除方法が表示される

012

● 気になる記事を手軽にクリップ

サイトを「あとで読む」 ために保存する

「Pocket」は、あとで読みたいWebページやTwitterのツイート内の記事を保存しておけるアプリ。サービスにログインし、WebブラウザやTwitterアプリのメニューから「共有」→「+Pocket」をタップ。これで記事がPocketに保存される。保存

した記事はオフライン環境で読むことも可能だ。ブックマークするほどではないが記録しておきたいものは、気軽にPocketに共有していこう。

 Pocket
作者／Read It Later
価格／無料

WebブラウザやTwitterアプリで保存したいページやツイートを開き、共有機能から「+Pocket」を選択する

Pocketを起動。先ほど保存した記事が一覧に追加表示されているはずだ。オフラインでもタップして閲覧できる。各記事にタグを付けておけば、後からでも検索しやすい

013

● 会話モードも便利

多彩な言語や入力方法 に対応する翻訳アプリ

多彩な言語や入力法式に対応した「Google翻訳」。キーボードによるテキスト入力はもちろん、音声入力やカメラによる文字の撮影、手書き入力をシーンに応じて選択できる。言語のデータをダウンロードしておけば、オフラインでの翻訳にも対応するので

海外旅行で助かるはずだ。また、外国人との会話時に、交互に翻訳機能を利用しスムーズにやり取りできる「会話」モードも便利。

 Google翻訳
作者／Google LLC
価格／無料

音声入力や手書き入力も利用できるほか、カメラボタンをタップすれば、カメラを向けるだけで画像内のテキストを瞬時に翻訳できる。また会話モードにするには「会話」をタップ

会話モードでは、それぞれの言語で交互に喋って翻訳を表示し、スムーズに会話できる。スピーカーから音声を出力することも可能

Wi-Fi

014 ● パスワード不要でWi-Fiに接続
Wi-Fiのパスワードを
QRコードで共有する

スマートフォンで接続済みのWi-Fiのパスワードは、QRコードで簡単に他のユーザーと共有することができる。家に遊びに来た友人などに、いちいち十数桁のパスワードを伝えなくても、QRコードを読み取ってもらうだけで接続が完了するので覚えておこ

う。QRコードを読み取って接続する側は、別途QRコードリーダーアプリなどを使うか、Android 10以降の機種であれば、接続するWi-Fiネットワーク名をタップして、パスワード入力欄右のボタンからQRコードリーダーを起動できる。

共有する側は「設定」→「ネットワークとインターネット」→「Wi-Fi」を開き、接続中のWi-Fiネットワークの歯車ボタンをタップ。続けて「共有」をタップ

Wi-FiのパスワードがQRコード化される。他のユーザーがQRコードリーダーアプリなどで読み取れば、このWi-Fiに接続することが可能だ

Gmail

015 ● 予約送信機能を使おう
Gmailで送信日時を
指定してメールを送る

期日が近づいたイベントのリマインドメールを送ったり、深夜に作成したメールを翌朝になってから送りたい時に便利なのが、Gmailの予約送信機能だ。メールを作成したら、送信ボタン横のオプションボタン（3つのドット）をタップ。「送信日時を設定」を

タップすると、「明日の朝」「明日の午後」「月曜日の朝」など送信日時の候補から選択できる。または「日付と時間を選択」で送信日時を指定することも可能だ。あとは指定した日時になると、自動でメールが送信される。

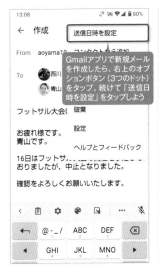

Gmailアプリで新規メールを作成したら、右上のオプションボタン（3つのドット）をタップ。続けて「送信日時を設定」をタップしよう

「明日の朝」「今日の午後」「月曜日の朝」などをタップするか、「日付と時間を選択」で予約送信する日時を指定すると、その時間に作成しておいたメールが送信される

クリップボード

016 ● コピーしたテキストを再利用する
効率よくコピペできる
クリップボードアプリ

「Clipper」は、通知エリアに常駐して、テキストをコピーする度に内容をストックしていってくれるクリップボード管理アプリだ。ストックされたリストから項目をタップすれば、過去にコピーしたテキストを何度でも再利用することができる。また、よく使う定型文

を登録しておいたり、複数のテキストを一つにまとめる機能なども備えている。

Clipper
作者／rojekti
価格／無料

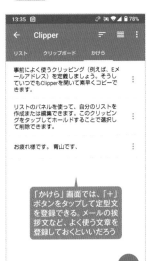

起動すると通知エリアに常駐し、さまざまなアプリでコピーしたテキストをストックしていく。「クリップボード」画面を開くとストックされたテキストの履歴が一覧表示され、タップしてコピーし直せる

「かけら」画面では、「＋」ボタンをタップして定型文を登録できる。メールの挨拶文など、よく使う文章を登録しておくといいだろう

ステータスバー

017 ● アプリ使用中でも確認できる
今日の日付と曜日を
ステータスバーに表示

日付と曜日は、ロック画面やホーム画面の時計ウィジェットで確認したり、通知パネルを開けば表示されるのだが、何かアプリを使いながら確認する方法がない。そこで便利なのが、この「日付と曜日」アプリ。日付と曜日を、画面の邪魔にならないシンプルな

デザインでステータスバー上に表示してくれるので、アプリを使いながらでも常に確認できる。

日付と曜日
（ステータスバーに表示）
作者／WEST-HINO
価格／無料

アプリを起動して「日付を表示」をオンにしよう 六曜の表示なども必要に応じてチェック

ステータスバーの左上に、日付と曜日が表示されるようになる。設定で土曜の色を青字にしたり日・祝日の色を赤字にすることもできる

トラブル解決総まとめ

スマートフォンがフリーズした、アプリの調子が悪い、電波が繋がらない、
通信速度が遅い、紛失してしまった……などなど。
よくあるトラブルと、それぞれの解決方法を紹介する。

画面がフリーズして（固まって）動かなくなってしまった

解決策
まずは再起動して最終手段は端末の初期化

スマートフォンの画面が、タップしても何も反応しない「フリーズ状態」になったら、まずは再起動してみるのが基本だ。電源キー、または電源キーと音量キーの上下どちらかを数秒間押し続けると、強制的に電源が切れる。強制終了したら、再度電源キーを1秒以上押して、電源を入れ直そう。

再起動しても調子が悪いなら、セーフモードを試そう。電源キーを1秒以上押して表示される「電源を切る」をロングタップし、「再起動してセーフモードに変更」で「OK」をタップ。または、一度電源を切って、再起動中に音量キーの下を押し続けよう。画面の左下に「セーフモード」と表示され、工場出荷時に近い状態で起動する。この状態で、最近インストールしたアプリなど、不安定動作の要因になっていそうなものを削除したのち、もう一度電源を切って普通に再起動すれば通常モードに戻る。

それでもまだ調子が悪いなら、一度端末を初期化したほうがいい。設定の「システム」→「リセットオプション」→「すべてのデータを消去」から端末を初期化して、P007の初期設定からやり直そう。

1 / 強制的に電源を切って再起動

AQUOS R5Gの場合、電源キーを8秒以上長押しし、端末が振動したあと指を離すと、強制的に電源が切れる

端末の調子が悪い場合は、電源キー、または電源キーと音量キーの上下どちらか（機種によって異なる）を数秒押すと、強制的に電源を切ることができる。

2 / セーフモードで起動する

ロングタップ
電源を切る
画面の保存

再起動してセーフモードに変更

再起動してセーフモードにしますか？セーフモードでは、インストールしたすべてのサードパーティ製アプリが無効になります。これらアプリはもう一度再起動すると戻れます。

キャンセル　OK　タップ

再起動しても調子が悪いなら、電源キーを長押し後、「電源を切る」をロングタップして「OK」をタップすれば、セーフモードで再起動できる。

3 / セーフモード上でアプリを削除

3:35

← アプリ情報

＋メッセージ（SMS）
124 MB

アシスタント
852 KB

あんしんフィルター for au
4.56 MB

ウイルスバスター for au
24.27 MB

エモパー
177 MB

おサイフケータイ アプリ
21.67 MB

おサイフケータイ 設定アプリ
5.61 MB

おサイフケータイ Webプラグインセ…
1.44 MB

セーフモードで起動したら、最近インストールしたアプリなどを削除してみよう。もう一度再起動すれば通常モードに戻る。

4 / それでもダメならデータの初期化

3:46

← リセットオプション　Ｑ

Wi-Fi、モバイル、Bluetooth をリセット

アプリの設定をリセット　タップ

すべてのデータを消去（出荷時リセット）

それでも調子が悪いなら端末を初期化してみよう。「設定」→「システム」→「リセットオプション」→「すべてのデータを消去」をタップ。

5 / 「携帯端末をリセット」をタップ

＜消去されるデータの例＞
・撮影した写真
・画像、動画、音楽など
・システム、アプリのデータ、設定値
・ダウンロードしたアプリ
・Googleアカウント

以下のアカウントにログインしています。

2021　Yahoo!カレンダー

aoyama@standards.co.jp

aoyama1982@gmail.com

Duo

SDカード内データも消去する
SDカード内の全デ…　画像
も同時に消去　タップ

すべてのデータを消去

削除される項目について確認が表示される。確認したら「すべてのデータを消去」をタップしよう。

6 / 初期化を実行する

か？

ダウンロードしたアプリや SIM を含め、個人情報がすべて削除されます。この操作を取り消すことはできません。

タップ

すべてのデータを消去

「すべてのデータ消去」をタップすれば、初期化して工場出荷時の状態に戻る。初期化後のバックアップデータからの復元方法については、P007で解説している。

アプリの調子が悪い、すぐに終了してしまう

解決策

アプリを完全終了するか一度アンインストールする

アプリの動作がおかしい時は、「最近使用したアプリ」画面からも完全に終了させてから、もう一度アプリを起動してみる。再起動後もアプリの調子が悪いなら、一度アンインストールして、Playストアからインストールし直そう。一度購入したアプリなら、有料アプリでも無料で再インストールできる。

タップすると、実行中のアプリをすべて終了できる

機種によって操作が異なるが、「最近使用したアプリ」画面で、調子が悪いアプリを上や左右にスワイプしたり、「×」をタップすることで、完全に終了させることができる

ホーム画面またはアプリ画面で不調なアプリのアイコンをロングタップし、「アンインストール」にドラッグ。アンインストール方法は機種によって異なる

自分の電話番号を忘れてしまった

解決策

電話帳アプリまたは設定アプリで確認しよう

自分の電話番号は、機種によっては「設定」画面の上部や、「電話帳」アプリの上部に表示されており、手軽に確認できるようになっている。確認できない場合は、本体の「設定」→「デバイス情報」をタップすれば、「電話番号」欄にこの端末の電話番号が表示されているはずだ。

「設定」画面に「電話番号」欄があったり、「電話帳」アプリで「自分の連絡先」が表示される機種なら、手軽に自分の電話番号を確認できる

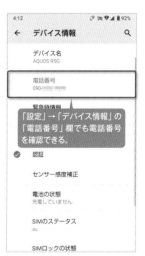

「設定」→「デバイス情報」の「電話番号」欄でも電話番号を確認できる。

学習された変換候補を削除する

解決策

キーボード設定などで変換履歴を消去しよう

文字入力の変換候補は、よく使う単語をすばやく入力できて便利な機能だが、タイプミスの間違った単語や、プライバシーに関わる単語が候補として表示されると、かえって迷惑だ。機種によって異なるが、「設定」→「システム」→「言語と入力」のキーボード設定画面などで、変換履歴を消去できる。

機種によっては、変換候補をロングタップして削除ボタンをタップしたり、ゴミ箱にドラッグすることで、消したい候補だけを個別に削除できる

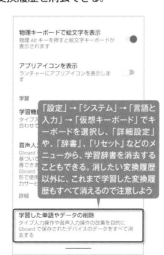

「設定」→「システム」→「言語と入力」→「仮想キーボード」でキーボードを選択し、「詳細設定」や、「辞書」、「リセット」などのメニューから、学習辞書を消去することもできる。消したい変換履歴以外に、これまで学習した変換履歴もすべて消えるので注意しよう

誤って削除した連絡先を復元する

解決策

WebブラウザでGoogle連絡先にアクセスし「変更を元に戻す」で戻す時点を指定

「Google連絡先」の連絡先はクラウドに保存されているため、スマートフォン側で連絡先を削除すると、パソコンでも同期され確認できなくなってしまう。しかし誤って連絡先を削除した場合でも、30日以内であれば、Webブラウザからの簡単な操作で復元可能だ。どの時点に復元するかも細かく指定できる。

「Google連絡先」（https://contacts.google.com/）にアクセスし、スマートフォンと同じGoogleアカウントでログインする。続けて上部の歯車ボタンのメニューから「変更を元に戻す」をクリック。

連絡先を戻す時点を 10分前／1時間前／昨日／1週間前から選択するか、または「カスタム」で何日前に戻すかを指定し、「確認」で復元できる。

Wi-Fiの通信
速度が遅い

解決策

古いWi-Fiルータを使っている人は
11ax対応のものに買い換えよう

　Wi-Fiが遅い原因は、障害物や接続端末が多すぎるといった場合もあるが、Wi-Fiルータが古すぎて、そもそもスペック上の通信速度を発揮できないこともある。2020年頃から発売されたスマートフォンは、高速無線LAN規格「11ax」に対応したものが多いので、ルータ側も11axに対応した製品を使おう。

NEC
Aterm WX3000HP
実勢価格 11,600円
3階建て（戸建）、4LDK（マンション）までの間取りに向き、36台／12人程度まで快適に接続できる11ax(Wi-Fi 6)対応ルータ。

バッファロー
WSR-1800AX4
実勢価格 7,400円
2階建て（戸建）、3LDK（マンション）までの間取りに向き、14台／5人程度まで快適に接続できる11ax(Wi-Fi 6)対応ルータ。

電波が圏外から
なかなか復帰しない

解決策

機内モードをオンオフすると
すぐに電波の検出が開始される

　地下などの圏外から通信可能な場所に戻ったのに、なかなか電波がつながらない時は、一度機内モードをオンにし、すぐオフにしてみよう。機内モードを有効→無効に切り替えることで、接続可能な電波をキャッチしに行くので、通信可能な場所で実行すれば電波が回復するはずだ。

すぐに接続可能な電波を検出し、圏外から復帰する

ステータスバーを2段階下にスワイプするとクイック設定パネルが開くので、「機内モード」をタップしてオンに、もう一度タップしてオフにする

紛失に備えてロック画面に
自分の連絡先を表示したい

解決策

設定の「ロック画面メッセージ」
で連絡先を入力しておこう

　紛失したスマートフォンは、P095で解説している「デバイスを探す」機能で探せるが、端末がネット接続されていないと位置情報を取得できない。そこで、拾得者の善意に期待して、ロック画面に自分の連絡先を表示させておこう。「設定」→「ディスプレイ」→「ロック画面の表示」の画面から登録しておける。

「設定」→「ディスプレイ」→「ロック画面の表示」→「ロック画面メッセージ」をタップし、自分の連絡先などを入力しておく

ロック画面に、「ロック画面メッセージ」で入力したテキストが表示される。誰でも見ることができるので、表示する連絡先には注意しよう

気付かないで加入している
サブスクがないか確認

解決策

Playストアアプリの「定期購入」
画面で確認、解約しよう

　毎月定額を支払うタイプのサブスクリプションサービスは、うっかり解約を忘れて無駄な料金を支払いがちだ。Playストアアプリのメニューから「定期購入」をタップして、気づかないで加入している定額サービスやアプリ内課金がないか、一度しっかりチェックしておこう。

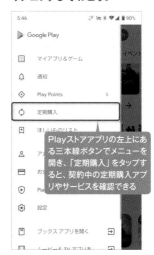

Playストアアプリの左上にある三本線ボタンでメニューを開き、「定期購入」をタップすると、契約中の定期購入アプリやサービスを確認できる

解約したい場合は、アプリを選択して、一番下の「定期購入を解約」をタップしよう。無料期間中や支払い済みの期間が残っている場合は、期限が切れるまで有料機能を使い続けることができる

トラブル解決総まとめ

SECTION 4

紛失した
スマートフォンを探し出す

解決策

「デバイスを探す」機能で探そう

スマートフォンの紛失や盗難に備えて、「デバイスを探す」機能を設定しておこう。Googleアカウントで同期している端末の現在位置を表示できるだけではなく、個人情報の塊であるスマートフォンを悪用されないよう、遠隔操作でさまざまな対処を施すことが可能だ。

右の手順で事前設定を済ませておけば、万一紛失した際に、「端末を探す」アプリで紛失した端末の現在地を、地図上で確認できるようになる。また、音を鳴らして位置を掴んだり、画面ロックしていない端末に新しくパスワードを設定することもできる。さらに、個人情報の漏洩阻止を最優先するなら、遠隔操作ですべてのデータを消去してリセットすることも可能だ。パソコンなどのWebブラウザで「デバイスを探す」（https://android.com/find）にアクセスしても、同様の操作を行える。なお、これらの機能を利用するには、紛失した端末がネットに接続されており、位置情報を発信できる状態であることが必要だ。

端末を探す
作者／Google LLC
価格／無料

1 「デバイスを探す」と位置情報をオンに

「設定」→「Google」→「セキュリティ」→「デバイスを探す」をオン

「設定」→「位置情報」で、「位置情報の利用」をオン

この端末を紛失したときに「デバイスを探す」機能が使えるように、「デバイスを探す」と「位置情報」がオンになっているか、それぞれ設定を確認しておこう。

2 バックアップコードをメモしておく

「設定」→「Google」→「Googleアカウントの管理」で「セキュリティ」タブを開き、「2段階認証プロセス」をタップ。「バックアップコード」の「設定」をタップし、8桁のコードをメモしておく

2段階認証を設定していて、認証できる端末が1つしか無い時は、その端末を紛失した時点で他の端末からログインできなくなる。あらかじめ「バックアップコード」を取得しておこう。

3 「端末を探す」で紛失した端末を探す

家族や友人のスマートフォンを借りる場合は、「ゲストとしてログイン」でログイン。紛失した端末以外で2段階認証できない時は、「別の方法を試す」→「8桁のバックアップコード〜」をタップし、メモしておいたバックアップコードを入力すればよい

万一端末を紛失してしまったら、他のスマートフォンやタブレットで「端末を探す」アプリを起動しよう。紛失した端末の現在地を地図で確認できる。

4 端末から音を鳴らして位置を掴む

表示された地点で探してもスマートフォンを発見できない場合は、「音を鳴らす」をタップ。最大音量で5分間音を鳴らして、スマートフォンの位置を確認できる。

5 端末を遠隔操作でロックする

拾ってくれた人へのメッセージや電話番号を入力できる

「デバイスを保護」をタップすると、他人に使われないようにロックし、画面上に電話番号やメッセージを表示できる。画面ロックが未設定の場合はパスワード設定も可能。

6 データを消去し端末をリセットする

タップすると初期化される

端末がどうしても見つからず、個人情報を消しておきたいなら、「デバイスデータを消去」で初期化できる。ただし、もう「デバイスを探す」で操作できなくなるので操作は慎重に。

● 各キャリアの紛失・盗難時サービスを利用する

	docomo	au	SoftBank
利用中断・再開	0120-524-360に電話	0077-7-113に電話	0800-919-0113に電話
遠隔ロック	事前設定不要で、My docomoにアクセス、または0120-524-360に電話して「おまかせロック」を利用（事前に端末側で「遠隔初期化」を設定すれば、My docomoから端末およびSDカードのデータを初期化できる）	事前に「My au」アプリで位置情報サポートを有効にした上で、My auにアクセス、または0077-7-113に電話（「auスマートパス」「auスマートサポート」「故障紛失サポート」いずれかの契約が必要）	My SoftBankにアクセス、または0800-919-0157に電話して「安心遠隔ロック」を利用（事前に端末側で「安心遠隔ロック」アプリの設定が必要。また「スマートフォン基本パック」の契約が必要）
端末の位置捜索	My docomoにアクセス、または0120-524-360に電話して「ケータイお探しサービス」を利用（事前に端末側で「ドコモ位置情報」の設定が必要）	事前に「My au」アプリで位置情報サポートを有効にした上で、My auにアクセス、または0077-7-113に電話（「auスマートパス」「auスマートサポート」「故障紛失サポート」いずれかの契約が必要）	0800-919-0157に電話して「紛失ケータイ捜索サービス」を利用（「スマートフォン基本パック」の契約が必要）

Android スマートフォン完全マニュアル 2021

2021年2月5日 発行

編集人　清水義博
発行人　佐藤孔建

発行・発売所　スタンダーズ株式会社
〒160-0008
東京都新宿区四谷三栄町
12-4 竹田ビル3F
TEL 03-6380-6132
FAX 03-6380-6136

印刷所　株式会社廣済堂

©standards 2021
本書からの無断転載を禁じます

Android Smartphone Perfect Manual 2021

Staff

Editor
清水義博（standards）

Writer
西川希典

Cover Designer
高橋コウイチ（WF）

Designer
高橋コウイチ（WF）
越智健夫

本書の記事内容に関するお電話でのご質問は一切受け付けておりません。編集部へのご質問は、書名および何ページのどの記事に関する内容かを詳しくお書き添えの上、下記アドレスまでEメールでお問い合わせください。内容によってはお答えできないものや、お返事に時間がかかってしまう場合もあります。
info@standards.co.jp